Osprey Campaign
オスプレイ・ミリタリー・シリーズ

「世界の戦場イラストレイテッド」
4

硫黄島の戦い1945
海兵隊が掲げた星条旗

［著］
デリック・ライト
［カラー・イラスト］
ジム・ローリアー
［訳］
宮永忠将

Iwo Jima 1945
The Marines raise the flag on Mount Suribachi

Text by
Derrick Wright

Illustrated by
Jim Laurier

大日本絵画

◎著者紹介

デリック・ライト
「タラワ：死に至る地獄への道」（Windrow & Greene, 1997）、「硫黄島の戦い」（Sutton, 1999）などの著作がある。少年時代を爆撃演習場の近くで過ごしたため、第二次世界大戦に興味を持つようになった。陸軍での兵役を終えた後、超音波関係のエンジニアとなる。4人の娘の父。引退後は妻と共にノース・ヨークシャー・ムーア近郊に暮らしている。

ジム・ローリアー
ニューハンプシャー生まれ。1978年にコネチカット州のパイアー美術学校を優秀な成績で卒業後、絵画、イラストレーションの世界で優れた作品を発表し続けている。航空機と戦車を中心とした軍事全般に強い関心を持ち、アメリカ航空アーティスト協会、ニューヨーク・イラストレーター協会、アメリカ戦闘機エース協会の会員でもある

著者註
　硫黄島守備隊、栗林忠道司令官のご子息、栗林太郎氏に感謝したい。彼には、父上の書簡からの引用を認めていただいただけでなく、個人所蔵の写真まで提供していただいた。
　摺鉢山に掲げられた有名な星条旗の写真を撮影したジョン・ローゼンタール氏にも多くの助言を、またポール・ティベット将軍からは有益な情報の他、写真も提供していただいた。ここにあわせて感謝したい。
　他の写真は全て、ワシントン国立公文書館、USMC、US Navy、US Airforce所蔵のものである。写真の所在はテキストで明示している。

編集註
　戦闘描写と、本書中の鳥瞰図に対し、的確な言及をいただいたジム・モラン氏に感謝いたします。

目次　contents

5 戦いの遠因
ORIGINS OF THE CAMPAIGN

8 両軍の指揮官
OPPOSING COMMANDERS

12 両軍の陣容
OPPOSING FORCES

14 作戦計画
OPPOSING PLANS

19 戦闘
THE BATTLE
D-DAY（2月19日）／地獄の悪夢
D+1〜D+5／最後は敵と差し違えへ
D+6〜D+11／人肉粉砕機への突撃
D+12〜D+19／膠着
D+20〜D+36／父島ノ皆サン　サヨウナラ

78 戦いの余波
AFTERMATH

80 今日の硫黄島
IWO JIMA TODAY

81 年表
CHRONOLOGY

82 参考文献
SELECT BIBLIOGRAPHY

83 付録
APPENDICES

戦いの遠因
ORIGINS OF THE CAMPAIGN

　太平洋戦争が始まって3年目、1944年も終わりに近い頃になると、日本軍はあらゆる戦線で劣勢を強いられていた。絶対国防圏と呼称する、神聖不可侵な国土の防衛に直面している日本人にとっては、1941年12月7日の真珠湾攻撃を皮切りに、フィリピン、シンガポール、香港、そして油田地帯のオランダ領インドネシアを次々と支配下に置いた栄光は遠い記憶となりつつあった。

　ミッドウェーでアメリカ海軍に大敗を喫してからというもの、続くマリアナ沖海戦（フィリピン海海戦）やレイテ作戦など、強大なアメリカの陸海軍が共同して繰り出してくる海戦、上陸作戦に、日本軍はほとんど抵抗らしい抵抗ができなかった。

　西方でも、日本は劣勢に立たされている。イギリスおよびイギリス連邦の兵士で編制された第14軍は、インド方面からビルマの日本軍を攻撃し、世界最悪と言われるジャングルまでも戦場としながら、イラワディ川沿いに攻勢を続け、日本軍をビルマ中央部にまで押し込んでいた。

　中部太平洋では、南西太平洋方面総司令官のマッカーサー将軍が、ソロモン諸島での攻撃を皮切りにニューギニアから攻め上り、1944年10月にはフィリピンのレイテ島を奪回して、「私は帰ってくる」という過去の約束を果たした。この戦区の北側では、ニミッツ提督が率いる太平洋艦隊が、1943年のタラワ島攻略を皮切りに、45年4月の沖縄戦まで、いわゆる「飛び石戦略」によって日本軍が拠点化を進めていた島嶼や環礁を次々と攻め

写真右／日本本土爆撃を終えて、グアム島の北飛行場に帰還するB-29爆撃機の編隊。（国立公文書館）

写真左／第1、第2飛行場の中間地帯を爆撃する4機のグラマン・アヴェンジャー攻撃機。東波止場を見下ろす石切場が手前に見える。（国立公文書館）

落とした。飛び石戦略は、将来の作戦遂行で必要となる島だけを攻撃して、それ以外は無視するか無力化する程度にとどめるという作戦方針である。これに従い、1944年8月までに、海兵隊はグアムやサイパン、テニアン島など、マリアナ諸島を占領した。

　その過程で、硫黄島の戦略的な重要性が注目され始めた。硫黄島はマリアナ諸島から日本本土に向かって出撃するB-29爆撃機の行程ルートのほぼ中間に位置しているため、是が非でも攻め落とすべき目標に加えられたのだ。マリアナ諸島の占領が実現するより早く、B-29爆撃機は中国内地に設置した飛行場から、九州などに対して爆撃を実施していたが、その効果は限定されていた。中国の基地には、燃料をはじめあらゆる物資を何千マイルも、ところによっては敵地上空を通過して空輸しなければならず、飛行距離も長くなって、爆弾の積載量も小さくなった。これでは、効果的な爆撃は期待できない。しかし今や、日本本土からわずか1500マイル（約2,000km）ほどのマリアナ諸島に巨大基地が建設されたことで、第20航空軍は日本の工業地帯中心部に対して大規模な空襲が実施できる環境を得たのである。

　日本本土爆撃にあたり、第20航空軍は当初、すでにドイツにおける昼間精密爆撃を成功させていた第8航空軍の運用を参考にするつもりでいた。しかし、実際に着手してみると、ドイツでの経験が日本ではあまり役に立たないことがはっきりしてきた。高度2万7,000〜3万3,000フィートからの高々度爆撃では、ジェット気流の影響を強く受けすぎて、精密な爆撃が難しかったのである。ヘイウッド・ハンセル准将はこの状況に不満を募らせ、部下達に乏しい戦果の責任を追求したが、45年1月に、そのハンセル将軍が更迭された。

　後任には、イギリスに派遣されていた第8航空軍第3航空団を指揮して、優れた実績をあげていたカーチス・ルメイ少将があてられた。ルメイは、第20航空軍の爆撃機搭乗員に「絨毯爆撃」の実施を求めた。これはイギリス軍が広く採用していた爆撃戦術で、彼は夜間低空爆撃によって日本の都市を焼き尽くすことを主張した。ハンセルとは真逆の爆撃手法である。ルメイの決断は賭けだった。陸軍航空隊総司令官のヘンリー・アーノルド

B-29 "スーパーフォートレス" 爆撃機は、当時もっとも進んだ航空機だった。加圧された機内環境、遠隔操作も可能な機銃砲塔、巨大な爆弾積載量と日本本土爆撃も可能にした長大な航続距離。写真は組み立てを終えたばかりのB-29で、カンザス州ウィチタにはB-29を製造するための工場が特設された。（Boeing Company Archives）

マリアナ諸島の基地が使用可能になるや、ここを拠点としてB-29は日本本土に対し容赦のない爆撃を加えた。写真は富士山上空を通過して東京爆撃に向かうB-29の編隊。(国立公文書館)

訳註1：ヘンリー・アーノルド大将の指揮権は陸軍航空部隊に限定されるものだが、この時点で欧州、太平洋に展開する陸軍航空隊は兵員200万以上、航空機7万8,000機という巨大組織に成長していたため、アーノルド大将は統合参謀本部にも名を連ねている。第20航空軍による日本本土爆撃の成否は、陸軍航空隊の独立という彼の宿願成就に不可欠で、この功績が大きく後押しし、1947年に国家安全保障法が成立して、合衆国空軍が誕生する。

大将に対しては、この夜間低空爆撃を実施を報告していなかった。「なんの前触れも無しに夜間低空爆撃ををすれば、例え短期間でも、日本人を驚かせることができる。もし失敗して、ろくな成果もあげられなければ、私は解任されるだろう」と、ルメイは話している［訳註1］。

硫黄島は、第20航空軍の作戦行動において大きな障害物となった。島には建設中を含めて、3つの飛行場があり、レーダー基地はB-29が飛来する2時間前に、本国に警報を発することができる。この島から迎撃機の脅威を取り除き、レーダー基地を無力化することは、第20航空軍にとって焦眉の課題となっていた。もし硫黄島を占領できれば、B-29の緊急着陸や救難飛行艇の拠点、そしてなによりここの飛行場からならP-51ムスタング戦闘機が、終始B-29を、直掩できるようになる。

硫黄島攻略に携わるのは、これまで3年間、太平洋各地の島嶼で上陸作戦を繰り返し、戦術を磨きに磨いてきた3個海兵個師団である。これに名将栗林忠道中将が率いる硫黄島守備隊（小笠原兵団第109師団）が立ちはだかった。将兵の数は2万1,000を超える。「私が生きて帰国できるよう祈るのはやめなさい」栗林司令官は、硫黄島に赴任後の手紙で、妻に覚悟をうながしている。だが、悲しいことに同じ言葉がアメリカ海兵6,000名の墓碑銘にも刻まれることになる。

海兵遠征部隊司令官の"ハウリング・マッド（狂犬）"・スミス海兵中将は、「海兵隊史上、もっとも過酷で高い代償を払った戦闘」であったと、硫黄島の戦いを振り返った。スミス中将は、1943年のタラワ島に始まり、44年末のマリアナ諸島まで、中部太平洋戦域でのあらゆる上陸作戦で指揮を執っており、その言葉の意味は重い。硫黄島での戦闘が佳境に差し掛かったとき、チェスター・ニミッツ太平洋艦隊司令長官は「硫黄島上で戦ったアメリカ人の間で、類い稀なる勇気は共通の美徳だった」という名言で、この戦いを言い尽くしている。

両軍の指揮官
OPPOSING COMMANDERS

アメリカ側
United States Side

真珠湾で大損害を受けた後、チェスター・ニミッツ提督は太平洋艦隊司令長官に任命された。1945年末の時点で太平洋艦隊は、提督21名、海兵師団6個、航空機5,000機からなる海軍部隊となっていたが、これは史上空前の規模を誇る軍隊だった。（US Navy）

訳註2：軍の最高機関であり、国防長官の下で軍事戦略の立案を担当した。硫黄島攻略作戦の構成メンバーは、レーヒ大統領付参謀長、アーネスト・J・キング海軍作戦部長、ジョージ・C・マーシャル陸軍参謀総長、ヘンリー・H・アーノルド陸軍航空隊総司令官の4名である。

　1944年10月3日、統合参謀本部 [訳註2] は太平洋艦隊司令長官チェスター・ニミッツ海軍大将に硫黄島占領を命じた。これまで中部太平洋で海兵隊が実施してきた「飛び石戦略」の経験をふまえ、ニミッツは「デタッチメント作戦」と名付けられた硫黄島上陸作戦の立案と実施を、スプルアンス、ターナー、スミスの3人に任せた。彼らもまた、43年のタラワ攻略以降、あらゆる上陸作戦の経験を積んでいた将官だった。

　ニミッツはテキサス出身で、その性格は寡黙でややもすると内向的にも見えるほどだったが、海戦では不敗を誇った。真珠湾攻撃の責任を負ってハズバンド・E・キンメル提督が解任された後を受けて、ニミッツの能力を評価していたルーズベルト大統領は、彼を2階級特進させて海軍大将とし、30人近い序列を飛ばして太平洋艦隊司令長官に任命している。特にニミッツは人物鑑定眼に優れ、他の上級将官同士の諍いを上手く調整する能力に長けていた。しかし、南西太平洋方面の連合国軍総司令官となっていたダグラス・マッカーサー将軍とは、最初から不仲だったことはよく知られている。ニミッツとは対照的に、マッカーサーは傲慢で独断的、自己主張が激しい人物で、しかも派手好みであるが、同時に敵に対して最大限の打撃を与えるための作戦構想に天才的なひらめきを持つ人物だった。

　日本を降伏に追い込むための作戦計画についても、ニミッツとマッカーサーの意見は遂に一致しなかった。マッカーサーはフィリピンに続いて台湾、中国本土へと進むことを考えていたが、ニミッツは「飛び石戦略」──すなわち戦略的に重要な島嶼、環礁だけを攻略し、上陸作戦の実施に値しない周辺の島々は無視していくという方針を堅持していた。

　レイモンド・スプルアンス海軍大将は、1942年6月にミッドウェー海戦での大勝利を演出して以来、ニミッツの片腕として活躍してきた優秀な指揮官である。決して気取らない人柄の中に、カミソリのように鋭い知性と、部下の経験や知識を極限まで引き出す力を秘めていた。彼は太平洋戦争の締めくくりとも言える沖縄戦が終了するまで、作戦指揮を執り続けていた。

　統合遠征軍司令官のリッチモンド・ケリー・ターナー中将は、スプルアンスとは対照的に短気で口うるさいことで知られていたが、類いまれな組織運営の才能は、彼にユニークな立場を与えることになった。数十派に及ぶ空襲と海岸目標への艦砲射撃をぴったりと調和させ、これに呼応して割り当てられた海岸に狂いなく数千の兵士を上陸させる複雑な作戦の遂行は困難を極め、一つ間違えば大変な損害を出してしまう可能性をはらんでいる。ターナーはこうした上陸作戦をいくつも成功させてきたのだ。

写真上左／レイモンド・スプルアンス提督はミッドウェー海戦の直前に皮膚病で入院していたハルゼー提督の代役として抜擢されたが、彼の卓越した資質はすぐにニミッツの目にとまり、以後、戦争が終わるまで作戦指揮官として活躍を続けた。（国立公文書館）

写真上中／上陸作戦の名指揮官、ケリー・ターナーの組織運営能力は伝説的でさえある。ペリリュー島での作戦は別として、彼はガダルカナルから沖縄まで、太平洋戦域におけるあらゆる上陸作戦の指揮を執っている。（US Navy）

写真上右／43歳のグレーヴス・B・アースカイン少将は、グアム島占領後、第3海兵師団の指揮を執った。規律に厳格なアースカイン少将は部下から篤く信頼され、兵士には「ビッグE」というニックネームを付けられていた。（Marine Corps Historical Collection）

　"ハウリング・マッド"（狂犬）のあだ名で知られる、海兵遠征部隊の指揮官、ホランド・M・スミス海兵中将はすでに63歳で、現役生活の最終盤に差し掛かっていた。積極的な戦術を好み、一切の妥協を排する姿勢から、彼には敵が多かった。アメリカ本国のメディアはマッカーサーに味方し、サイパン戦では「敢闘精神の欠如」を理由に陸軍のラルフ・スミス少将を解任した事例などを理由として、スミス中将に辛辣な評価を下し続けていたが、彼には、軍上層部の歓心を買おうなどという気持ちはなかった。硫黄島では、彼は海兵隊第5水陸両用軍団長のハリー・シュミット少将との関係において、一歩退いた立場にいたが、これについては「シュミットが何か問題を抱えれば、自分に相談を持ちかけてくるだろう」と考えていたことを、戦後になって明かしている。

　硫黄島上陸作戦は、第3、第4、第5の海兵3個師団からなる前例のない規模となった。第3海兵師団長のグレイヴス・B・アースカイン少将は47歳で、第1次世界大戦ではベロー・ウッドやシャトー・ティエリー、サン・ミシェルの戦いを経験した古強者である。日本との戦争では、アリューシ

海兵隊員からは「ハウリング・マッド（狂犬）」スミスとして知られていたホランド・スミス海兵中将（左から3人目）は、ささいな愚行も許そうとしない激しい気質の指揮官だった。彼がサイパン攻略時に陸軍のラルフ・スミス将軍を解任したことは、陸軍と海兵隊との間に長年にわたるしこりを残した。ツートンカラーのヘルメットをかぶった海兵隊員の間に立ち、双眼鏡を首から提げているのはジェームズ・フォレスタル海軍長官（右から2人目）である。

ャン、ギルバート諸島、マリアナ諸島での作戦で、ホランド・スミス中将の幕僚として活躍している。

第4海兵師団を率いているのは同じく第1次世界大戦を経験しているクリフトン・B・ケイテス少将で、彼は海軍殊勲章と銀星勲2個を授与されている。1942年のガダルカナルの戦いでは第4師団第1連隊を指揮し、テニアン島作戦時に師団長に昇進した。1948年には海兵隊司令官に就任した。

ケラー・E・ロッキー少将も、シャトー・ティエリーでの武勲によって海軍殊勲章を授けられている。さらに戦間期はニカラグアでの功績に対して同じ勲章を与えられており、1944年2月から第5海兵師団の指揮を執ることになった。同師団は硫黄島が初陣であったが、襲撃大隊や海軍パラシュート部隊からの古参兵を中核として戦力を増強していた [訳註3]。

「デタッチメント作戦」の準備と実施を命じられたのが、海兵隊第5水陸両用軍団長のハリー・シュミット少将である。彼は太平洋戦争が始まる前、中国やフィリピン、メキシコ、キューバ、ニカラグアなどで経験を積み、ロイ・ナムル（クェゼリン環礁の北端にある2番目に大きな島）からサイパン上陸の間は第4海兵師団長だった。硫黄島作戦の時には58歳になっており、単独の作戦としては最大規模の海兵隊を動員する同作戦を指揮する名誉にあずかっていた [訳註4]。

写真上左／第1次世界大戦以来の古強者で知られるクリフトン・B・ケイテス少将は、硫黄島攻略で顕著な働きを見せた。戦後も海兵隊のために精力的に働き、1948年には海兵隊司令官に昇進した。（国立公文書館）

写真上中／硫黄島の戦いが初陣となる第5海兵師団を率いるケラー・E・ロッキー少将も、第1次世界大戦から海兵隊に籍を置くベテランで、今時大戦でもロイ・ナムルやサイパン、テニアン攻略作戦を指揮していた。（国立公文書館）

写真上右／"ダッチマン"の異名をとるハリー・シュミット将軍は、海兵隊史上最大規模の野戦部隊となった第5水陸両用軍団長に就任した。中国からニカラグアまで、戦間期には世界中の戦場を駆けめぐり、58歳で硫黄島の戦いを迎えた。（アメリカ海兵隊）

訳註3：ドイツ軍によるエバン・エマール要塞強襲やクレタ島攻略作戦の成功に触発されて創設されたこの2つの部隊は、海兵隊にとってあこがれの部隊だったが、陣地戦となった太平洋島嶼の戦いでは軽装備のために期待された役割が果たせず、パラシュート部隊は解体されて第5海兵師団の基幹となった。強襲大隊も実戦を経ながら問題点が洗い出され、これも新設連隊の基幹として編入される。

訳註4：太平洋戦争が始まったとき、海兵隊には第1、第2の2つしか師団編制の部隊がなかったが、44年9月までに6個師団にまで拡張された。これらの師団は、第3水陸両用軍団、第5水陸両用軍団に配属され、軍団単位で作戦に投入された。硫黄島には第3、第4、第5海兵師団からなる第5水陸両用軍団が投入されたが、直後の沖縄作戦には、第1、第2、第6海兵師団からなる第3水陸両用軍団が投入されている。

連合艦隊司令長官の山本五十六と並び、栗林忠道中将は太平洋戦争における日本の将官の中でも最高の評価を勝ち得ている。硫黄島防衛戦では陸軍が重視していた伝統的な水際撃滅戦術を放棄し、侵攻軍に多大な損害を与えるという作戦を成功に導いた。ホランド・スミス中将でさえ、「我々にとって最高に侮りがたい敵」と彼を評している。（栗林太郎氏寄贈）

訳註5：第109師団（小笠原兵団）は、主に小笠原諸島に所在する要塞歩兵などを基幹として編成した混成第1旅団と、硫黄島所在の陸軍部隊を基幹とした混成第2旅団のほか、各種補助部隊で編成されたが、隷下部隊は戦況に応じて抽出されたために雑多な構成になっていた。

日本側
Japanese Side

　5月、栗林忠道陸軍中将は、東条英機首相（兼陸軍大臣）に呼び出され、第109師団長、硫黄島守備隊の司令官に任命された [訳註5]。単なる偶然か、それとも計算通りなのか、いずれにせよこれは最善の人選だったといえる。

　長野県松代に戦国時代から続く郷士の家庭に育ち、陸軍士官として30年にわたり忠勤に励んだ栗林は、アメリカ駐在武官という経歴もあり、家族への手紙では「日本はなるべくこの国との戦いを避けるべきだ」と書き送っている。彼は、硫黄島での任務を、生きては帰れぬ試練であると覚悟し、赴任後、妻への手紙の中で、生還は期待しないようにと告げている。

　栗林は、守備隊が被った以上の損失を攻撃側のアメリカ軍に強いた、太平洋戦争で唯一の日本軍指揮官である。アメリカ軍の上陸開始時は54歳で、身長は約177cmと日本人にしてはかなり長身である。

　ホランド・スミス中将も、「彼の地上軍組織力は私が実際に経験した第1次世界大戦のフランス軍より遙かに優れ、今日のドイツ軍さえ凌駕するといえるだろう。この堅陣を前にできることと言えば、弾幕砲撃で地域ごと粉砕し、前進して発見した陣地を火炎放射や手榴弾、爆薬でしらみつぶしにしていくことだけだった。日本軍の迫撃砲やロケット砲は巧みに隠蔽されていたため、我々はこれを排除するのに高い代償を支払うしかなかった。あらゆる洞窟、トーチカ、塹壕を巡って、海兵隊と日本軍の兵士たちは血みどろの殺し合いをしなければならなかった」と、栗林司令官の指揮官としての手腕を高く評価している。

両軍の陣容
OPPOSING FORCES

アメリカ側
United States Side

　硫黄島上陸作戦には、第3、第4、第5の、3個海兵師団、合計兵力7万名が動員された。ほとんどの兵士は実戦経験者だった。マッカーサー将軍が指揮を執るフィリピン戦線での要求から、充分な量の海軍の支援や上陸用舟艇が確保できない状況が続いたため、デタッチメント作戦は2度も延期された。それだけではなく、この作戦で投入される支援は、そのまま45年4月1日に実施する予定の沖縄攻略戦に振り向けられるという、タイトなスケジュールの中での上陸作戦となった。

　作戦計画が具体化するにつれ、侵攻部隊の編成も進められた。第3海兵師団は8月に作戦参加したグアム島にそのまま駐屯していた。残る第4、第5海兵師団はハワイから出撃することになった。海軍は上陸作戦に先立ち、硫黄島に強力な艦砲射撃を実施する手はずとなっていた。この艦砲射撃の主役は戦艦アーカンソー、テキサス、ネヴァダ、アイダホ、テネシーなどの老朽艦で、速度が遅く、高速空母機動部隊に追随できないため、このような上陸支援任務にはうってつけの余剰戦力となっていた。

　2月15日、硫黄島侵攻艦隊はサイパン島を出撃した。LST（戦車揚陸艦）が第4、第5海兵師団の上陸第一波となり、以後、後続兵力や戦車、膨大な補給物資、砲兵、補助部隊を揚陸する手はずとなっていた。艦隊は間もなく日本の偵察機に発見され、硫黄島に警報が出された。栗林司令官はアメリカ軍の来寇を待ちかまえている間に、すでに「敢闘ノ誓」と呼ばれる

摺鉢山山頂から上陸海岸の眺め。東波止場まで遠望できる。（栗林太郎氏寄贈）

栗林司令官は硫黄島に赴任するとすぐに、時間を無駄にすることなく不適切な防御配置の改善に着手した。写真は、防御作戦の打ち合わせをする栗林司令官と彼の幕僚。（栗林太郎氏寄贈）

文書を配布し、その中では「我等ハ各自敵十人ヲ殪ササレハ死ストモ死セス」と呼びかけている。入念に準備された防御陣地と、死ぬまで戦い抜く覚悟を固めた兵士らとともに、栗林司令官はアメリカ軍の襲来に万全の備えをしていたのである。

日本側
Japanese Side

　硫黄島の重要性に気づいた日本軍首脳部は、1944年3月から同島の戦力増強に着手した。もともとはサイパン戦に派兵される予定だった池田益雄大佐の歩兵第145連隊が硫黄島に派兵され、以後、上陸作戦が始まる45年2月までに、混成第2旅団（千田貞季少将）、戦車第26連隊（西竹一中佐／バロン西）、独立混成第17連隊（飯田雄亮大佐）、旅団砲兵（隊長：街道長作大佐）他、対空砲、迫撃砲、野砲、機関銃大隊などを含む様々な部隊が、第109師団の指揮下に組み込まれ、硫黄島の守備についた [訳註6]。海軍からは、対空砲、通信、補給、工兵などを中心とする部隊が派遣されていたが、これらは第27航空戦隊（司令官：市丸利之助少将）に組み込まれ、指揮権は小笠原兵団に一本化されていた。上陸作戦が実施された1945年2月19日の時点で、アメリカ軍は硫黄島守備隊の数を1万3,000程度と見積もっていたが、実兵力は2万1,060名となっていたのである。

訳註6：独立混成第17連隊は44年7月10日に横浜を出航したが、連隊主力を積載した輸送船日秀丸が故障で引き返し、同連隊第3大隊は父島に待機していた。14日に再出港した日秀丸は、今度は父島近海で潜水艦に撃沈され、ほとんどの兵員は助かったものの、結局、連隊主力は父島に残ることになり、藤原環少佐の第3大隊のみが7月いっぱいをかけて硫黄島に派遣されている。

作戦計画
OPPOSING PLANS

アメリカ側
United States Side

　第5水陸両用軍団長のハリー・シュミット海兵少将が考案した作戦計画は、一見すると単純だった。摺鉢山から東波止場にかけて延びる約3kmの海岸線に、海兵隊が上陸するのが作戦の骨子だからだ。上陸海岸は各々1,000ヤード（914m）の幅を持つ3つの区画に分割された。各区分には色の名前が付けられ、摺鉢山に近い「グリーン」海岸には第28海兵連隊の第1、第2大隊、その右側に向かって「レッド1」海岸には第27海兵連隊第2大隊、「レッド2」には同第1大隊、「イエロー1」には第23海兵連隊第1大隊、「イエロー2」には同第2大隊、「ブルー1」には第25海兵連隊第1、第3大隊が上陸し、「ブルー2」は、東波止場を見下ろす石切場の日本軍の砲兵陣地に直接面していたため、ブルー1の上陸部隊が同時に攻略する段取りになっていた [訳註7]。ケイテス第4海兵師団長は「（ブルー海岸に上陸する）第25連隊の一番右側を行く兵士の名前が分かっていれば、今すぐ叙勲申請をしてやるのだが」と述べている。

　第28海兵連隊は島のもっとも狭隘な地点を通過して対岸を確保した後で、左翼側にそびえる摺鉢山を孤立させることになっていた。彼らの右翼側では、第27海兵連隊が同じように対岸まで達した後で北に向かい、その間に隣の第23海兵連隊は第1飛行場 [訳註8] を占領して、さらに北西の第2飛行場攻略に向かうことになっていた。最右翼に位置する第25海兵連隊の任務は東波止場を見下ろす石切場周辺の無力化だった。

地下に張り巡らされた複雑な坑道施設の様子は、今日でも残っている写真のような通路の一部からも判断できるだろう。（栗林太郎氏寄贈）

訳註7：ブルー2海岸を見下ろす石切場とは、日本軍がローソク岩と呼んだ一帯を指す。実際の石切場はもっと東にある。またここでの東波止場とは、日本側にとって南波止場に該当するが、本書では米軍視点に立った記述を心がける。

訳註8：摺鉢山にもっとも近い千鳥飛行場を指す。同様に、第2飛行場は元山飛行場、第3飛行場は未完成の北飛行場を指している。

アメリカ軍襲来の前に撮影した栗林司令官と幕僚団の集合写真。この中の誰一人として生還した者はいなかった。（栗林太郎氏寄贈）

日本側
Japanese Side

　栗林司令官は着任して真っ先に、時代遅れの防御態勢の再構築にとりかかった。軍事的に無力な上、限りある食料や水の消耗を抑えるために、まず島の民間人を本土に避難させた。そして増援と朝鮮人労働者が到着するや、彼らを洞窟陣地の構築に動員した。地下坑道や洞窟、砲座、トーチカ、指揮所を二重、三重に結びあわせた地下施設を、上陸侵攻に先立つ9ヶ月間のうちに構築したのである。軽石状の火山性岩石は、人力主体の乏しい土木機材でも簡単に削り出せるだけでなく、セメントと混ぜ合わせることで、大幅に強度を高めることができた。一部の坑道は深さ75フィート（23m）にも達し、それぞれが連絡路で結ばれていて、電灯やオイルランプなどの照明が確保されていた。

　物資集積所や弾薬庫、司令部もこの洞窟陣地の中に組み込まれていて、激戦の最中、かなりの海兵隊員が、地下から近づいてくる敵兵の足音が聞こえると言う報告を寄せている。摺鉢山が孤立した際には、多くの守備兵が坑道を使って海兵隊の警戒線をすり抜け、島の北部に逃れている [訳註9]。

　坑道は前例にない早さで作られた。あらゆる砲爆撃に耐えられるように、天井の厚さは地表から最低でも30フィート（9.1m）を確保するように要求された。坑道のほとんどは幅、高さとも5フィート（1.5m）で、天井までコンクリートで塗り固められ、あらゆる方向に延びていた（あるエンジニアの手記に拠れば、地下坑道を4マイルも歩き続けられたという）。主だった場所は二層、あるいは三層構造になっていて、大きな部屋には空気のよどみを防ぐために50フィート（15.2m）もの通気縦坑が掘られていた。半地下に設置されたコンクリート製の小要塞や砲座は特に堅牢に作られていて、数週間に及ぶ艦砲射撃や爆撃を受けても、ほとんど損害を受けていない。そして形状や大きさも様々な数百のトーチカは、相互の連絡と火力支援が綿密に計算されていた。

　栗林司令官は、日本軍のこれまでの島嶼防衛方針、すなわち水際撃滅戦術を検討し直し、これが間違ったものであると結論づけるとともに、伝統

訳註9：上陸作戦時、島の北部と摺鉢山を繋ぐ坑道は完成しなかった。ここでは部分的に出来ていた坑道をたどってという意味だろう。

南方向から撮影。上陸海岸の特徴的な黒い砂地が右方向に伸びている。（栗林太郎氏寄贈）

摺鉢山の印象的な写真。海兵隊の上陸海岸は写真の右側にあり、そこから北に伸びて東波止場に至る。摺鉢山の孤立化が最初の作戦目標だったため、上陸した兵士たちは可能な限り速やかに約半マイルの幅になっている地峡部を横断しなければならなかった。(US Navy)

訳註10：井上貞衛少将は、パラオ諸島の守備にあたっていた第14師団の師団長である。ペリリュー島は同諸島の南端にある要衝で、中川州男大佐の第2連隊が増派を受けて守備についていた。中川大佐は水際防御だけでなく、陣地帯による持久戦を展開して、アメリカの第1海兵師団に大打撃を与えている。

的な「バンザイ突撃」を兵士の浪費に過ぎないと見なしていた。9月のペリリュー島の戦いで、日本軍司令官の井上少将も水際撃滅戦術を捨て、ウムルブロゴル山脈に設けた防御陣地によって、アメリカ兵に少しでも多くの損害を与えるという方針に切り替えていた [訳註10]。栗林司令官もこの戦術を採用している。アメリカ軍がこの島を占領する事実だけは止めようが無くても、そうなる前に、すさまじい損害を敵に与えてやろうと決意していたのである。

島の地形を考慮すると、上陸できる海岸は限られている。航空偵察写真や、潜水艦スピアフィッシュが撮影した写真から、海兵隊が上陸できる幅を持つ砂浜は2カ所しかないことがわかっていた。栗林司令官もすでに同じ結論に達していて、最善の計画を練り始めていたのである。

硫黄島は、南西から北東にかけてのもっとも長い部分で約4.5マイル、幅は北部で2.5マイル、南のもっともくびれたところでは0.5マイルほどしかなかった。面積は約7.5平方マイルほどである。島の南端には高さ550フィート（168m）の摺鉢山がそびえ、島のほとんどを見渡せる軍事的要衝となっていた。この摺鉢山の麓から北方向に伸びる海岸線だけが、唯一の上陸地点だったのである。島中央部のやや標高の低い台地には、日本軍が建設した第1飛行場があり、さらにその北方1マイルには第2飛行場と、未完成の第3飛行場が建設されていた。島北部の地形はうって変わって小さな渓谷や尾根、谷筋、岩棚などが入り組んだ地形を為していて、理想的な自然の防御陣地を作り出していた。

1944年9月の日本軍勢力圏

- 1944年9月の日本軍勢力圏
- アメリカ軍の攻勢軸

ソビエト連邦
外モンゴル
満州
サハリン
千島列島
北京
天津
朝鮮
日本海
日本
チベット
中国
黄海
広島
東京
東シナ海
琉球列島
小笠原諸島
沖縄
火山列島　硫黄島
1945年2月、3個海兵師団が硫黄島に侵攻
台湾
北回帰線
マーカス島
ビルマ
香港
海南島
ベンガル湾
フィリピン海
第20航空軍が日本本土を空襲
1944年6月、海兵隊がマリアナ諸島に侵攻
マリアナ諸島
サイパン
テニアン
グアム
タイ
フランス領インドシナ
1944年10月、マッカーサーがフィリピンを攻撃
フィリピン諸島
南シナ海
パラオ島
カロリン諸島
トラック島
1944年9月、第1海兵師団がペリリュー島に侵攻
マレー
スマトラ
ボルネオ
セレベス
赤道
ソロモン諸島
ジャワ
ニューギニア
インド洋
オーストラリア

小笠原兵団の参謀だった堀江芳孝少佐は対空砲の役割について上官と多くの議論を戦わせている。堀江は戦闘時のいかなるタイミングを見てもアメリカ軍の制空権が圧倒的であることは明白だから、対空砲は野砲、あるいは対戦車砲として使用するのが適切であるという持論だった。これには栗林司令官も賛同し、他の参謀の反対を押し切って、堀江少佐の意見が採用された。

　戦後に収録された、海兵隊士官と堀江少佐との面談記録は海兵隊歴史文書館に保存されている [訳註11]。彼は栗林司令官に対して「我々は対空砲の大半を敵兵を攻撃する野砲のように、そして一部は対戦車砲として使うよう計画を変更しなければなりません。対空砲は、艦船から暴露しないことが大切で、地上戦での防御に用いることで計り知れない恩恵をもたらすのです」と具申したが、他の参謀は意見を異にしていた。「他の参謀は次のような意見でした。それはつまり、硫黄島では、対空砲は砲としても対空砲としても使用すべきであると。硫黄島は父島に比べて自然の変化に乏しいので、もし対空砲がなければ、我々の防御拠点は敵の空襲によって完全に破壊されてしまうだろう。これが他の参謀の考えだったのです」

　さらに堀江は続けている。「結局、300門ほどあった対空砲のほとんどは、先のような使われ方をしました。しかし、後になってアメリカ軍の硫黄島上陸が始まると、1日か2日するかのうちに対空砲は沈黙させられ、役に立たないことを証明してしまったわけですが、対戦車砲として使用していた7.5cm対空砲（88式7.5cm野戦高射砲）は極めて有用でした」

　堀江は、上陸してきた海兵隊に対する守備隊の反応について、独特の英語で説明している。「2月19日に、激しい砲爆撃の支援を受けつつ海兵隊が第1飛行場に接近してきました。しかし、上陸海岸も含めて、兵力や戦闘方法は我々の予想通りだったにもかかわらず、いかなる反撃もできませんでした。というのも、第1飛行場に設けていた135カ所のトーチカは上陸直後2日間のうちに制圧されてしまったのですから……我々は飛行場に接近するアメリカ兵を、元山や摺鉢山から砲撃しましたが、それもすぐに反撃によって潰されてしまいました。その時、我々も反撃を考えましたが、もしそうすれば砲撃や爆撃、艦砲射撃によって壊滅的な打撃を受けてしまうことに気づきました。そこで、我々は充分にアメリカ兵を引きつけるまで、息を潜めて待ちかまえることにしたのです」

訳註11：堀江芳孝少佐は第31軍参謀、小笠原兵団参謀を歴任し、硫黄島守備計画の立案にも携わったが、上陸作戦時は父島にいて硫黄島との通信にあたっていた。

戦闘
THE BATTLE

D-DAY（2月19日）／地獄の悪夢

　上陸作戦の実施に先立ち、第5水陸両用軍団長ヘンリー・シュミット少将は、上陸支援部隊（第52任務部隊）を指揮する海軍のウィリアム・ブランディ少将に対し、戦艦、巡洋艦による10日間の準備砲撃を要請していた。しかし、上陸時の弾薬補給に目処が立たないという理由から、この要請は却下されてしまう。シュミットは9日間に妥協する一方で、充分な準備砲撃の実施には固執したが、結局、彼の申し入れは却下され、準備砲撃の期間は3日間のみとされた。「君の兵隊はきっとやり遂げるよ」と語ったスプルアンス提督の言葉は、戦闘が進展するにつれ、むなしい響きになっていった。遠征部隊司令官ホランド・スミス中将は、太平洋戦争を通じて実施した上陸作戦について、「タラワの環礁や海岸に横たわる海兵隊員の無数の骸を忘れることはできない。彼らは海軍の艦砲射撃さえあれば消し飛んでいたはずの敵防御施設を強襲する羽目になって命を落としたのだ」と、戦後になっても海軍の支援内容に批判的な言葉を隠そうとはしなかった。

　初日の準備砲撃は不首尾に終わった。悪天候に邪魔され、戦果を確認できなかったのである。2日目は悲惨の一言に尽きる。海岸に近づきすぎた巡洋艦ペンサコラが、沿岸砲の反撃で立て続けに6発の命中弾を受け、戦

上陸に先立ち、3隻の旧式戦艦が硫黄島へ砲撃を加えるために配置に着くところ。彼女たちの巨大な主砲は、海岸線に点在するコンクリート製の掩体を破壊するのに理想的な武器と考えられていた。（国立公文書館）

日本軍の守備隊配置と海兵隊の上陸海岸

海上で円を描くように航行しながら、上陸作戦の開始を待つ上陸用舟艇。（国立公文書館）

訳註12：上陸作戦に先立ち、スプルアンス海軍大将は第58任務部隊のマーク・ミッチャー中将に対して、艦上機による東京空襲を命じている。名目は、硫黄島に襲来する可能性がある敵航空戦力の撃破だったが、爆撃の主目標は中島航空機太田製作所と同武蔵製作所だった。これは陸軍航空隊のB-29による戦略爆撃に対抗して、海軍の立場を主張するために行なわれた政治的色彩が強い作戦で、是が非でも成功させなければならないスプルアンスは、作戦主体である硫黄島への圧力を弱めても、艦上機による本土爆撃にあらゆる努力を傾けた。作戦は2月16日と17日に実施され、日本本土からわずか115kmまで接近した機動部隊から飛び立った攻撃機によって、中島航空機各工場は甚大な被害を受けた。

死者17名を出した上に、大きく損傷してしまったのである。

　その日の遅くになって、今度は100名を超えるフロッグマンを支援するために、12隻のLCI（歩兵揚陸艇／砲艇）が海岸から1000ヤード（914m）まで接近した。フロッグマンは、水中での破壊工作を専門とする特殊部隊である。しかし、すでに何ヶ月も前から待ちかまえていた日本軍からすれば、目を閉じたままでも狙い撃ちできるほどの至近距離である。LCIは12隻ともすべて攻撃を受け、全力で逃げ帰る他はなかった。掩護に急行した駆逐艦ロイツェも返り討ちに遭い、戦死者7名を出している。

　これとは対照的に、上陸初日の月曜日、すなわち1945年2月19日は晴天となり、視界はどこまでも澄み渡っていた。前日の晩、マーク・ミッチャー中将麾下の空母16隻、戦艦8隻、巡洋艦15隻からなる無敵艦隊、第58任務部隊が、日本本土攻撃を成功させ、硫黄島作戦を掩護するために到着した。同じ頃、レイモンド・スプルアンス提督も、旗艦インディアナポリスとともに合流している。しかし、ホランド・スミス中将は、この高速機動部隊による日本本土攻撃は、より重要な主作戦である硫黄島攻略の目的から逸脱した不必要な作戦であったと考え、不満を持っていた［訳註12］。

　戦艦、巡洋艦の主砲が島を叩き、艦上機が爆弾の雨を降らせると同時に、数千の海兵が兵員輸送船やアムトラック（LVT：水陸両用装軌車両）に乗り込んで、上陸のタイミングをはかっていた。上陸部隊の先鋒として68両のLVT（A）──75mm榴弾砲と機関銃3丁を搭載した水陸両用装甲車輌──が海岸から50ヤード（46m）の位置まで前進して、海兵隊の上陸第

摺鉢山の西側が上陸実施に先立つ艦砲射撃の煙に覆われている。眺めこそ壮観ではあるが、ホランド・スミス中将はこの結果に落胆しており、海兵隊が上陸する前に徹底して日本軍の防御施設を叩こうとしなかった海軍の姿勢を、戦争が終わった後も非難し続けていた。（US Navy）

ドーベルマンやジャーマン・シェパードなどの軍用犬は、伝令や敵部隊の索敵などに重宝したため、太平洋戦争では大活躍した。彼らの貢献は計り知れないが、軍用犬は民間で飼い直すように訓練できないため、悲しいことに、戦争が終われば全て処分される運命にあった。写真のドーベルマンは、わずかな時間も逃さず眠りをむさぼる調教者の脇で警戒にあたっている。（国立公文書館）

一派を支援することになっていたが、上陸時の混乱が計画を台無しにしてしまった。上陸海岸のほぼ全域で、海兵隊の兵士だけでなく、LVT、戦車ほかあらゆる車両が、火山灰質の堆積物が波に洗われてできた4.5mほどの段丘に行く手を遮られてしまったのである。兵士は足首まで砂にとられ、車両も車軸まで埋もれてしまった。LVTやシャーマン戦車も海岸からわずか数ヤードのところで立ち往生してしまったのである。作戦立案者は、上陸海岸はなだらかな傾斜地を為していると分析していた。「どこに地点を選んでも、兵士は容易に上陸可能で……島の地峡部は理想的な上陸海岸となっていて……内陸部には簡単に進撃できる」と、これが硫黄島についての事前評価だった。

　日本軍守備隊は、栗林司令官の防衛作戦方針に従い、上陸に対しては控え目な反撃しかしなかった。上陸したアメリカ兵が海岸から第1飛行場にかけて密集するのを待ってから、殲滅砲撃を送り込もうと考えていたのである。一方、アメリカ海軍の士官の多くは、水際での抵抗が比較的軽微な

のは、艦砲や爆撃による移動弾幕射撃が功を奏したためであると思いこんでいた。

海岸に向けては、小銃や機関銃の弾丸がひっきりなしに唸りを上げ、時折、迫撃砲弾が炸裂するものの、海兵隊員にとってもっとも恐ろしい敵は砂そのものだった。迅速な前進ができるよう徹底的に訓練された海兵隊員も、この砂浜ではゆっくりとした足取りでしか進めなかった。重くてかさばる装備品は邪魔にしかならず、様々な装具が捨てられた。最初に捨てられたのは、邪魔者の筆頭格であるガスマスクだったが、やがて、多くの兵士が後で取りに戻ればいいと考え、装備そのものを投げ降ろしてしまった。結局、この時点でもっとも重要な装備品は、武器と弾薬だったのである。

上陸第一波が砂浜で悪戦苦闘している間に、後続部隊が次々と上陸してきたため、混乱に拍車がかかった。事前計画では、5分間隔で各上陸波が到達する事になっていたからだ。海岸の状況は急速に悪化した。栗林司令官は、敵が第1飛行場まで前進するのを待ってから、野砲や迫撃砲も加えた殲滅砲撃を考えていたので、現状は願ってもない好条件だった。1000時過ぎ、ついに日本軍の防御砲火が一斉に火を噴いた。摺鉢山から東波止場にかけて巧みに隠蔽配置された火点から、混雑を極める上陸海岸に向けて、野砲、迫撃砲、機関銃などありとあらゆる防御射撃が加えられたのである［訳註13］。

「内陸に200ヤード（183m）前進した部隊が拘束される」
「石切場からのすさまじい砲撃を確認」
「かつてない規模での機関銃と野砲による防御砲火」
など、半狂乱と言っていい報告が指揮艦エルドラドにひっきりなしに寄せられた。

1040時までに、攻撃部隊指揮官のハリー・ヒル少将は6,000名の兵士とブルドーザーを揚陸させていたが、彼らは海岸の段丘で身動き取れなくなっていた。一部の戦車はなんとか海岸を離れ、足場のしっかりした内陸に

訳註13：最初は「ろ弾発射機」と呼ばれていた、試製4式20cm噴進砲も投入され、大きな効果を上げた。

海岸に遺棄された様々な上陸用舟艇。（国立公文書館）

7ノットの微風と穏やかな海、海兵隊の上陸作戦には理想的な条件が整った。前日の夜、レイモンド・スプルアンス提督はミッチャーが率いる第58任務部隊とともに到着したため、硫黄島には485隻を超える様々な艦船が集結し、海兵隊を支援することになった。払暁、アムトラック（水陸両用車）が洋上を前進する中、摺鉢山から東波止場まで7地区に分けられた上陸海岸を含む硫黄島全域に対して、戦艦や巡洋艦が砲撃を開始した。

一見穏やかに見える海上を、上陸予定海岸目指して前進する上陸用舟艇の列。それぞれの列は5分おきに海岸に到達するように予定が組まれていた。混雑した海岸は待ちかまえる日本軍にとって格好の攻撃目標となった。(US Navy)

前進し、敵砲火によって惨状を極める海岸から脱出した兵士もいた。タイム・ライフ誌の戦場報道員として知られるロバート・シェロッドはこの情景を「地獄の悪夢」と的確に描写している。

上陸海岸の最左翼に位置するグリーン海岸では、摺鉢山が近いこともあって火山灰質の海岸が少なく、比較的条件のよい地形となっていた。そこで第28海兵連隊長のハリー・リバーセッジ大佐は、当初の予定通りに摺鉢山の麓にあたる約800mの地峡部を一気に横切って、この戦略的要地を孤立させてしまおうと試みた。

摺鉢山は、厚地兼彦大佐のもとで独立編成された2,000を超える守備兵が守っている。多数の野砲や迫撃砲が山麓斜面に巧みに隠蔽され、そこから頂上にかけては数十の洞窟やトンネルが網の目のように張り巡らされていた。

第1大隊は、この左翼の脅威をあえて無視したまま対岸に向かって突進したが、長田大尉の独立歩兵第312大隊の担当戦区に飛び込む形となり、塹壕やトーチカが張り巡らされた防御線の中で激戦が行なわれた。陣地を撃破したり迂回しながら、海兵隊は対岸を目指して前進を続けた。死者はその場に残され、負傷者は海軍の衛生下士官に委ねられたが、衛生下士官の英雄的な救護活動は硫黄島の至るところで、常に目にすることができた。1035時、第1大隊B中隊の6名の兵士が西海岸に到着し、まもなくC中隊も合流して、不安定な戦況ながらも摺鉢山の孤立に成功した。

レッド1、レッド2海岸ではトマス・ウォーナム大佐の第27海兵連隊が厳しい戦況の中でまったく前進できずにいた。敵からの正確な砲撃が混雑した海岸に降り注ぎ、負傷者が続出していたからである。

イエロー1、イエロー2でも、ウォルター・ウェンシンガー大佐の第23

上陸したら、すぐさま前進できるだろうと期待していた海兵隊員の期待を裏切り、火山灰質の海岸には、ところにより4.5mを超える高さの段丘が立ちはだかっていた。このため、前進には多大な支障を来し、陸揚げされた戦車や砲の進出は大幅に遅延した。(国立公文書館)

海兵連隊が、松下久彦少佐の独立速射砲第10大隊と粟津勝太郎大尉の独立歩兵第309大隊からなる混成部隊の防御陣地に頭から突っ込む形となり、ほとんど前進できないでいた。ダレン・コール軍曹は手榴弾と拳銃だけを握りしめて、雨のような機関銃弾の中に単身で飛び込むと、次々にトーチカを沈黙させていった。そして、戦死するまでに5つのトーチカを破壊した軍曹は、硫黄島の戦いを通じて27個授与された名誉勲章の初受勲者となった。

　最右翼のブルー1海岸では、ジョン・ラニガン大佐の第25海兵連隊が、高台にある石切場からの砲撃を避けるため、速やかに前進した後で、部隊を2つに分けた。第1大隊はそのまま内陸に進行し、第3大隊は石切場の司令所がある岸壁を強襲するために、右翼側に展開したのである。

　6名の艦砲射撃観測班に所属するベンジャミン・ローゼル海軍少尉は、上陸初日に恐ろしい体験をした1人である。上陸海岸から先の土手の位置まで前進した観測班は、重砲に狙い撃ちされて、身動きが取れなくなっていた。なんとか前進しようと試みた瞬間、通信兵が倒れたため、少尉は彼の装具をひっつかんで前進した。すると今度は砲撃班のど真ん中に迫撃砲弾が直撃したのである。兵士はとっさに身を伏せられたが、少尉には避ける余裕がなかったため、左足がぐしゃぐしゃに吹き飛ばされて、足首が皮一枚でぶら下がった有様になってしまったのである。射圧され、前進もできないまま、彼は降り注ぐ迫撃砲弾の中をなんとか生き延びていた。しかし、また至近に落下した迫撃砲弾によって、今度は右足をもぎ取られた。そのまま1時間近く身動きが取れなくなっていると、ついに3発目の迫撃砲弾が真上で炸裂して、今度は肩を切り裂いた。すると同時に、別の爆発で彼は身体ごと宙に吹き飛ばされ、焼けた破片で負傷を重ねたのである。少尉は時間を確認しようと左腕を持ち上げて時計を見ようとしたが、またも至近弾が炸裂し、左手の手首が破片でもぎ取られてしまった。「十字架で貼り付けに遭うのがどんな気分か、よく分かったよ」と彼は後に語っている。ようやく衛生下士官の看護を受けられた少尉は、海岸から運び出され、病院船となっているLSTで左腕と両足を切断された。

　1020時、第4戦車大隊の戦車数両がブルー1海岸に上陸した。ドーザー戦車が土手まで通路を開鑿し、残りの戦車が縦列になって後に続いたが、

栗林司令官は、上陸した海兵隊を第1飛行場まで引きつけた後に、周到に巡らせた防御砲火を一斉に浴びせようと考えていた。しかし、上陸第一波が火山灰質の砂地に足を取られている間にも、5分おきに後続のアムトラックが上陸しては海兵隊員を吐き出しているのを見て、彼は反撃を開始した。野砲と迫撃砲による凄まじい攻撃は、砂浜を端から端まで鋤返し、海兵隊に重大な損害を与えたのである。

海岸にて。M1ライフルを携えながら憂いの表情を隠せない海兵隊員。(国立公文書館)

これは地雷原で立ち往生してしまった。

　1400時、チャンバース中佐の第3大隊は石切場周辺の岸壁に殺到した。敵の抵抗は凄まじく、上陸直後の0900時には900人いた兵士は、いまや150人にまで減らされていた ［訳註14］。

　摺鉢山では第28海兵連隊が確保した地点の強化を試みていた。キース・ウェルズ中尉の第3小隊は、地峡部を横切って対岸の第1小隊に合流するよう命令を受けた。第1小隊は今にも蹂躙されかけていたからだ。摺鉢山方向から激しい砲火を浴びせかけられながらも、4個分隊は跳ねるように前進した。その途中で、幾人もの負傷兵や戦死者の傍らを通り過ぎたが、摺鉢山を攻略するまでは、そこに残しておくより他はなかったのだ。午後になると、海岸を突破してきた若干数のシャーマン戦車が合流し、75mm主砲の威力もあって、多数の敵トーチカを潰すことができた。こうして、夕方までには摺鉢山を島の北側から完全に切り離すことに成功した。しかし、この堅牢な要塞を攻略するという過酷な任務は、後日に先送りされた。

　戦線の中央部では、第27、第25海兵連隊が担当海岸のレッドおよびイエローからどうにか抜けだし、第1飛行場まで前進していた。民間の建設会社から大規模に動員した、40〜50代の志願者からなる海軍設営大隊（シー・ビーズ）は、砂浜の姿を一変させた。海兵隊とともに攻撃初日から海岸に上陸した海軍設営大隊は、ブルドーザーを操って段丘をならし、戦車や砲、その他の車両が使用できる通路を開鑿する一方、海岸線一帯に散乱して邪魔になっていた上陸用資材や車両の残骸を片付けたのである。「シー・ビーズの連中をしっかり守ってやれよ。ひょっとしたら俺たちの親父かも知れないんだぜ」という冗談が好まれたほどの活躍だった。

　1300時、ターナー中将は上陸継続を中止した。もはやこれ以上の海兵隊員や資材を上陸させる余地が、海岸に残っていなかったからである。しかし、非戦闘員からなる海軍設営大隊は経験したことのない損害を被りな

［訳註14］：ことに第25連隊第3大隊では士官の損耗が激しく、この日の戦闘ではK中隊が8名の士官全員が失ったのを筆頭に、3個中隊から19人の士官が失われている。

がらも、勇敢に活動を続け、2時間後には海岸を再び兵士や物資が上陸できる状態に戻して見せた。しかし、ここまでやっても、砲弾孔ごとに死体が転がり、段丘の下に並べられている負傷兵にも容赦なく砲弾が降り注いでいた。残骸や資材が漂う海岸の中に上陸地点を探そうと、上陸用舟艇が激しい砲撃の中を右往左往している状況に変わりはなかった。

　1130時、海兵隊は第1飛行場の南端に到達した。この飛行場は、島の東側に向かって緩やかに高くなっている台地状の場所に作られていた。日本兵は数百の戦死者を出しながらも頑強に抵抗していたが、衆寡敵せず、残存兵力は滑走路を使って逃げ出したり、地下坑道に逃れて姿を消した。機関銃や小銃からの猛烈な射撃を浴びせかけられて、100名を超える日本兵が滑走路上で戦死するという場面も見られた。

　夕方が近づく頃には、海兵隊は摺鉢山の麓から第1飛行場の南半分を通過し、石切場の足下までの範囲を確保していた（地図参照）。上陸初日の目標として設定されていたO-1ラインに到達できなかったが、こうした計画は、概ね実施不可能なのが相場である[訳註15]。例え、快適なハワイのオフィスから、ニミッツ提督が机上で作製された作戦計画を評価し、これが攻撃部隊に命じられたとしても、戦場では現実に即した計画を考え出すしかないのだ。

　海兵隊では、確保した地歩を夜の間に強化するのが常だったが、浸透戦術に熟練した日本軍にとっても夜間は重要であり、有名な「バンザイ攻撃」の実施には何よりも闇夜が好まれていた。駆逐艦は前線を照らすために、夜を徹して吊光弾を撃ち上げ続けていた。パラシュートでゆっくりと降下してくる照明は、戦場の恐ろしい様相を照らし出していた。日本軍の砲撃や迫撃砲は続いていたが、海上では上陸用舟艇が補給物資を届けたり、負傷兵を運び出したりと、活動を停止することはなかった。

　指揮艦エルドラドの艦内では、スミス中将が上陸初日の評価に取りかか

訳註15：O-1ラインは摺鉢山の孤立化と第1飛行場全体、右翼側では第2飛行場の南半分と東波止場の占領と設定されており、これは硫黄島全島の4分の1にあたる。

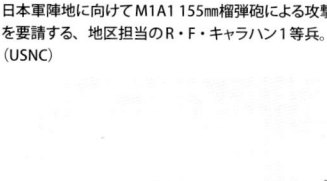

日本軍陣地に向けてM1A1 155㎜榴弾砲による攻撃を要請する、地区担当のR・F・キャラハン1等兵。（USNC）

上陸用舟艇が続々と接岸する中、第1飛行場に向けて前進する兵士の姿が見える。その一方で、海岸に取り残されている多数の兵士たちは、激しい砲撃にさらされている。（国立公文書館）

っていた。事前の予測より状況はかなり酷く、とりわけ犠牲者の数が目を引いた。「日本軍を率いる将軍を私は知らないが、このショーを演出した奴は、相当にずるがしこいぞ」と、スミス中将は従軍記者に語っている。

D+1 〜 D+5 ／最後は敵と刺し違へ

■D+1（2月20日）

　上陸から2日目の火曜日は悪天候だったが、4フィートの高さになって押し寄せる波と、身を切るような寒風にさらされても、海兵隊員と指揮官の闘志はいささかも衰えていなかった。第28海兵連隊は孤立した摺鉢山の攻略という、非常にやっかいな任務に投入され、上陸部隊の残りは第1、第2飛行場の確保に向けて、共同攻撃を準備していた。

　日の出と共に、第28海兵連隊対する支援砲撃が始まった。艦上機は摺鉢山に爆弾やナパームを投下し、駆逐艦は砲座を狙って主砲を撃ちつづけた。しかし、このような支援を受けていたにも関わらず、広正面で攻勢に出た連隊は、厚地大佐が率いる守備隊の抵抗に直面して、1200時になってもわずか75ヤード（69m）しか前進できなかった。燃料補給の遅れを解消した戦車部隊が、ようやく1100時になって支援に駆けつけたが、高所に陣地を構える日本軍の方が圧倒的に優位な状況だった。ウェルズ海兵少尉は「敵の火力から身を守れるものなんて何一つないんだ。部下たちはどこへ行っても、狙い撃ちの的にされるしかなかったんだよ」と、当時の状況を振り返っている。

　厚地大佐は、アメリカ軍の砲撃および艦砲射撃の凄まじさについて無線で栗林将軍に報告し、「バンザイ」突撃の実施をほのめかしている。しかし、摺鉢山には少なくとも10日間は持ちこたえて欲しいと考えていた栗林司令官は回答を送らなかったが、厚地が動揺し始めているのではないかと疑った［訳註16］。

　午後になり、わずかに前進した後で、海兵隊員たちは塹壕を掘り始めた。翌日の総攻撃に備えるため、増援と追加の戦車を待つことになったのだ。

訳註16：厚地大佐の無線内容は次の通り、「今ヤ敵ハ火炎放射器ヲ以テワレワレヲ焼殺シツツアリ。ワレ陣地ニ止マランカ自滅ノ外ナシ。寧ロ出撃シテ万歳ヲ唱エン」

敵に休息の時間を与える必要など無いと考えた日本軍は、すべての前線に対して弾幕射撃を加えた。「敵の砲弾が前線を叩き続けていて、足もとで砲弾が炸裂していたよ。仲間たちに酷い損害が出ているのではという考えで頭の中は一杯だった。何が恐ろしいかって、砲撃が自分たちの上を通り過ぎたかと思ってちょっと油断すると、また戻ってくる事なんだ」とウェルズ少尉は語る。夜の間に、日本兵は摺鉢山の東側山麓に集結しようとしていたが、駆逐艦ヘンリー・Ａ・ワイリーが探照灯で彼らの動きを照らし続けて砲撃を加えたため、反撃の芽を事前に摘み取ることができた。

北側の主戦線では、3個連隊が0830時から攻勢を開始していた。攻撃の最右翼は石切場に面し、左翼は北に向かって押し上げて、戦線を直線にしようと考えていた。海兵隊員は入念に配置された塹壕やトーチカ、地雷原からなる立体的な構築陣地帯に悩まされた。午後遅くになって海上に姿を現した戦艦ワシントンは、石切場に向けて強力な40㎝砲弾を叩き込み、発生した地崩れによって数十もの洞窟陣地が生き埋めになった。

1200時までには、第1飛行場の大半はアメリカ軍によって確保されたが、これほどまで迅速な前進を許すと考えていなかった栗林司令官にとって、少なからぬ打撃となった。今や、海兵隊は島を縦断する形の戦線を構築していたが、これも上陸2日目の予定から見れば、未達という状態だった。シュミット将軍は第3海兵師団の第21海兵連隊の投入を決意した。進撃が順調ではないことに軍上層部が気づいていたことの証明だろう〔訳註17〕。しかし、高波の影響と混沌の極みにある海岸の状況から、上陸はたびたび延期され、6時間後にはついに上陸用舟艇に乗り込んでいた連隊に、輸送船への帰還命令が出される有様だった。

2日目の戦いが終わったとき、海兵隊は島のほぼ四分の一を占領することができたが、その代償は高く付いた。「負傷しても頑張り戦へ虜となるな。最後は敵と刺し違へ」との栗林司令官の命令が実を結び始めていた。午後になり降り始めた雨は夜になっても止むことはなく、流れ込む雨水で、各個掩体は使い物にならなくなっていた。海兵隊の古強者もこの寒さには閉口し、自分たちが解放した南洋の環礁に戻りたいと願う者も多かった。

訳註17：統合参謀本部は4月の沖縄作戦に備え、第3海兵師団を無傷のままにしておきたいと望んでいたが、2月21日の戦闘が終了した時点で第4海兵師団は68％にまで戦闘力が低下していたため、第3海兵師団の投入は避けられなかった。

海岸はすでに動けなくなったジープやトラック、戦車で混雑し始めていた。この海兵隊員たちは海岸から脱出する機会をうかがっている。（国立公文書館）

摺鉢山南部での1枚。空薬莢の山の中で配置につく機関銃手。(国立公文書館)

■D+2（2月21日）

　第28海兵連隊は摺鉢山攻略を継続し、残りの部隊は島の北部に向けて全面攻勢に出る。このように、上陸3日目となる水曜日の作戦計画は直球勝負だった。戦線の西側では、第26、第27海兵連隊が、戦線中央では第23海兵連隊が、東側では第24海兵連隊が攻撃するという単純な作戦計画だが、計画が単純だからといって順調に進むとは限らない。前日から天候はさらに悪化し、強風が島中に吹き荒れた。空は分厚い雲に覆われていた。6フィートもの大波が浜辺に打ちつけていたため、ターナーは再び増援の上陸を諦めなければならなかった。

　第27海兵連隊の機関銃分隊員、"チャック"・テータムは18歳で初陣を迎えたが、硫黄島はまさに経験と試練の場となった。「上陸3日目の朝、我々を出迎えたのは凍り付くような雨で、しかもまだ第1飛行場の隣にいるといった有様だった。この2日間で、浜辺からはやっと1,000ヤード（914m）ほど前進してきたという結果になる——こんなところでぐずぐずしてはいられない。我々がいるのは、滑走路の縁から西海岸まで続く平坦な場所で、たぶん、硫黄島で唯一の平地と呼べる場所じゃないかと思う。分厚い雲が覆った空から降り続く雨で、兵士は皆ずぶ濡れだ。そして、火山灰がつもってできた地面はうんざりするほど足にからみついて、邪魔をする。車も人も動き出そうともがきはするが、うまくいかない。戦線右翼側の上陸海岸は相変わらず混乱状態で、遺棄された上陸用舟艇が強さを増す風や波に翻弄されている。海岸への上陸は完全に閉鎖され、出入りを許されるのは緊急の場合と、急ぎで治療を受けなければならない状態で横たわる負傷兵を運び出す船だけだ。衛生下士官たちが浜辺で手を尽くして守り続けていた負傷兵だ。0800時、北方に向けての総攻撃が始まった。第5海兵師団の

摺鉢山を左に見ながら、海岸を離れて内陸を目指す兵士たち。トーチカ群と地雷原が、第1飛行場への道を妨げていた。(US Navy)

作戦目標は島の左翼側、すなわち滑走路と海岸の間の地歩の確立だ。夜になる前に、迂回してきた地域の掃討を終え、占領地を強化するのだ」

　海兵隊砲兵、巡洋艦や駆逐艦の艦砲射撃、40機以上の艦上機によるナパーム弾や機銃掃射など、猛烈な火力支援を受けながら、0845時、第28海兵連隊は摺鉢山への攻撃に着手した。砲撃によって、作戦地域は丸裸になり、防御拠点の様子や、摺鉢山周辺の連絡用塹壕や坑道が部分的に明らかになった。海兵隊では、日本軍の夜間浸透を警戒して、前線の正面に有刺鉄線を張り巡らせた。この日の朝、兵士たちは戦車が先頭に立って目障りな敵の拠点を破壊してくれるだろうと期待していたが、これもまた燃料の補給問題で遅延してしまった。

　第3小隊は戦線中央で頑強な抵抗に直面したが、後に駆けつけた戦車と75mm砲を搭載したハーフトラックの支援を得て前進できた。夕方までに、連隊は摺鉢山の北側に半円状に進出し、主戦線でも左翼は650ヤード（594m）、中央は500ヤード（457m）、右翼は1,000ヤード（914m）ほど前進した。状況は良好だった。

　激戦の真っ最中に、敵の掩蔽壕に手榴弾を放り込み、両足に重傷を負ったウェールズは、「身を守る物と言ったら、薄っぺらの服一枚だ」と語る。「傷の痛みがだんだん酷くなるにつれ、身体から力が抜けていくのを感じたよ。私は2日半の間、飲み食いはもちろん、排泄だってしなかったんだ」

　北部戦線に目を転じると、68機の海軍艦上機が日本軍の戦線とおぼしき地域を爆撃とロケット砲で破壊し、0740時には野砲および艦砲による集中射撃も加えられたが、巧妙に隠匿された防御拠点はしぶとく生き残っており、第4、第5海兵師団の損害は瞬く間に上昇した。それでも西海岸の近くではシャーマン戦車の支援を受けた第26,第27海兵連隊が1,000ヤードを超える前進に成功し、D+1の前進予定地まで到達できた。一方、戦線の東側では増強を受けていたにも関わらず、石切場周辺の困難な地形に阻まれ、第4海兵師団はほんの50ヤード（46m）しか前進できなかった。石切場周辺に散在する斜面や洞窟陣地の攻略は極めて危険な任務で、攻撃に

より多数の負傷者を出していた。第24海兵連隊第2大隊G中隊長のマッカーシー大尉は、「中隊は257名で上陸して、90名の補充を受け取った。合計347人だ。しかし、硫黄島での戦闘が終わったとき、自分の足で島を立ち去ったのはたったの35人しかいなかったよ」と語っている。G中隊は朝からずっと油断ならない砲撃にさらされて大損害を被っており、午後になってからは部隊の前進を妨げているトーチカを破壊するために強襲班を編成した。

こうした強襲班に属していた兵士の1人、ピート・サントロ上等兵はこう回想している。

「私は担当地域の左側、他の兵士は右側を受け持って前進しました。すると、私の足下にトンネルの入り口があったのです。小銃を携えた2人の日本兵が手と膝を使って匍匐していたのが見えました。私は彼らを後ろから撃ちました。かわいそうなことですが、日本語で振り向かせるにはなんと言えばいいか知らなかったのです。反対側からやってきたマッカーシー大尉も彼らを撃ったので、自分がすでに仕留めたことを告げました。その後、さらに高所にまで前進すると、また別のトンネルを見つけました。私は小銃擲弾 [訳註18] を撃ち込みましたが、距離が短すぎたようでしたので、もう一発、最後の小銃擲弾を撃ちました。そして、トンネルに侵入した途端、私は背中から撃たれました。まるで巨大なハンマーで打ちつけられたかのような衝撃で、足が動かせなくなりました。私は2人の仲間の手で引きずり出されましたが、彼らはまるで散弾銃で撃たれたみたいだと私に言っていました。日本兵の銃撃はM1ライフルの弾薬クリップに当たり、暴発した弾丸が背嚢をめちゃくちゃにしたようなのです」

結局、サントロは病院船ソレースに送られたが、治療を受けた後、再び海岸に戻ってきた。

この時、サントロは第1飛行場から航空兵を手当たり次第に撃っていた日本の狙撃兵を片付けると、原隊に復帰してマッカーシー大尉を驚かせた。大尉はサントロを弾薬集積所の担当に任じた。3月9日、迫撃砲の至近弾を受けたサントロは失神して、再び病院船ソレースに送り込まれたが、今度は硫黄島には戻らないと誓っていた。

シュミット少将は再び第3海兵師団の第21連隊を投入することを決めた。彼らはイエロー海岸に上陸して主戦線に向かった。日本軍は夜を徹して妨害射撃を続け、その間に第2飛行場の滑走路脇に集結していた150から200名の日本兵が、2330時、第23連隊に夜襲を敢行した。しかし、彼らが海兵隊の戦列に到達する前に、阻止砲撃が粉砕してしまったのである。

上陸を支援していた海軍の艦艇は、かなり早い段階から神風特別攻撃隊の標的になっていた。夕方近くになると、北西方向から約50機の日本機が接近してきた。彼らは千葉県香取基地に配備されていた神風特別攻撃隊第二御楯隊で、東京から南に125マイルの位置にある八丈島で補給した後、この海域に姿を現したのである。彼らの接近は、太平洋戦争の古強者である空母サラトガのレーダーが捉えており、すでに6機の戦闘機が迎撃に飛び立っていた。迎撃機は零戦2機を撃墜したが、残りの零戦は低くたれ込めた雲の中に飛び込み、そのうち2機が煙を吐きながらサラトガの側面に体当たりして格納庫を火の海にした。さらに別の1機が飛行甲板に体当たりして、艦首から約100ヤード（91m）の場所に大穴をあけた。応急処置

訳註18：海兵隊はいくつかの小銃擲弾〈ライフルグレネード〉を使用している。M1ガーランドライフルに専用のアダプターを装着し、射程は160mだった。弾薬には榴弾のM17や対戦車用M9A1他、各種の発煙弾が用意されていた。

第3海兵師団に配属となった海軍の衛生下士官ジャック・エンテ。硫黄島で毛布をかぶっている様子。幾多の戦闘をくぐり抜けたベテランでも、南太平洋の気候に慣れた身には、硫黄島の寒さはきつかった。（USMC）

摺鉢山の麓で、敵拠点に爆薬攻撃を仕掛ける海兵隊員。摺鉢山は比較的容易に孤立したが、占領までには予定以上の時間が必要だった。（USMC）

班が決死の活動を見せたこともあって、1時間の内に火災の鎮火に成功し、サラトガは若干数の艦上機を収容できたほどだった。他の所属機は護衛空母ウェーク・アイランドとナトマ・ベイが収容した。

護衛空母ビスマルク・シーにも特攻機が命中した。折り悪く甲板は艦上機でごった返していたため、次々と誘爆して、艦は炎に包まれ、手に負えない状態になった。総員退艦命令が出された後、800名の乗組員が甲板に集結した。そして数分後、船尾で巨大な爆発を引き起こした後、ビスマルク・シーは転覆して海の底に姿を消したのである。他にも3隻の船が神風特別攻撃の被害を受けた。護衛空母ルンガ・ポイントは上空で爆発した4機の敵飛行機の残骸で火災被害を受けた。掃海艇ケオクックは彗星艦爆の体当たりを受けた。またシャーマン戦車を満載していたLST477も軽微な損傷を受けている。

空母サラトガは駆逐艦の護衛を受けて真珠湾に帰港したが、終戦になってもまだ修復は済んでいなかった。戦死者358名、空母の撃沈1を含む5隻への命中という結果を見るに、この神風特別攻撃は大成功だったと言えるだろう。これは後の4月に実施される沖縄作戦でも起こりうる決死の反撃がどのようなものになるのかを示唆していた。

■D+3（2月22日）

水曜日になっても天候は回復しなかった。第28海兵連隊の兵士は、吹きさらしの風と雨でずぶ濡れになり、摺鉢山への新たな攻撃準備にかかっていた。夜のうちに武器弾薬が運び込まれたが、シャーマン戦車は泥土に足を取られて到着できず、海軍でも、悪天候のために航空機を飛ばせないと通達してきた。この日の勝利は、ライフルや火炎放射器、爆薬を携えて戦う歩兵たちに委ねられたのである。

厚地大佐は800～900名の守備隊と共にいまだ抵抗を続けており、簡単に勝たせる気などまったく無かったのだ。「島の周囲はありとあらゆる敵の艦船に取り囲まれ、砲撃によって我々が準備していた防御施設は破壊されてしまった。制空権も握られ、爆撃や機銃掃射にさらされている。それでも、我々はいまだ精強を保ち、敗北はしていない。アメリカ兵は我々の

ブルドーザーが柔らかい砂地に進路を開くまで、シャーマン戦車は海岸を抜け出せなかった。磁気地雷に備えて車体を厚板で覆った写真の"カイロ"号は、履帯が外れてしまっている。(国立公文書館)

防御陣地を目指し、最初の高台まで登ってくるだろう。奴らに存分に鉛弾を喰らわせてやるのだ」と摺鉢山守備隊の兵士を鼓舞した。

海兵隊は摺鉢山の下部斜面にある日本軍拠点を攻撃した。機動の余地はほとんどなく、また前線があまりにも接近していたために、砲兵や戦車からの支援を最大限に活用することもできなかった。午後までに、E中隊とG中隊からの偵察隊が山麓を周回する道を切り開き、摺鉢山は完全に取り囲まれた。この間に北側斜面の激戦で守備隊はかなり消耗し、多くの兵士は迷路のように張り巡らされた坑道をたどりながら戦線をすり抜け、島北部の主力部隊に合流した。残った兵士は、山頂部に向かうように移動している。締めくくりとなる攻撃は翌日に延期された。

主戦線でも攻勢は続く。この日、新たに第3海兵師団の第21連隊が投入された。同連隊は、第4、第5師団の間に配置され、第2飛行場攻略を命じられたのである。この地域を守備するのは、池田大佐が率いる歩兵第145連隊であり、日本軍陣地の中でも、もっとも堅牢に防護されている場所だった [訳註19]。上陸初日から戦い続けている兵士は、充分な睡眠も温かい食事も取れず、大損害に打ちのめされ、加えてこの悪天候にさらされたために、大幅に戦力が低下していた。そのため、疲弊した部隊は交替することになった。到着したばかりの第3海兵師団は、第2飛行場の南側に向かって突撃し、反撃の洗礼を受けた。この日の戦いで同部隊は250ヤード（229m）ほど前進したが、第2大隊のF中隊などはあまりの損害の大きさに、たった1日で戦闘不能状態になってしまった。

訳註19：第2飛行場周辺の主陣地帯には、約50門の1式機動47mm速射砲を擁する速射砲大隊5個が配置されていた。速射砲はアメリカ軍の進撃予想路にあたる部分に集中配備され、側面攻撃も考慮して隠蔽陣地が張り巡らされていた。通常、シャーマン戦車には非力と言われた同砲も、硫黄島のような至近距離からの射撃では威力を発揮した。

敵砲火の危険をものともせず、通信用電話線を設置するために走る通信班の兵士たち。前線間の通信維持は基本中の基本である。（国立公文書館）

訳註20：海兵隊ではロケット砲撃班を編制し、各班はMk.7 4.5インチロケットランチャーを搭載した1t四輪駆動トラック（T45自走ロケット砲）を操作した。ランチャーは36発のロケットを装填し、最大射程は4140mである。ロケット砲撃班の兵士たちは、人気漫画にちなんで「バック・ロジャース」と呼ばれた。

　戦線の東側、石切場付近では"ジャンピン・ジョー"チャンバースが敵の潜伏場所を破壊するためにロケット砲を搭載したトラックを持ち出していた [訳註20]。この攻撃で数十人の日本兵が持ち場を壊されて、低いところへ逃げ出す他はなかったが、そこではアメリカ軍の機関銃が待ちかまえていた。しかし、その日の午後、チャンバース自身も重傷を負い、病院船に送り込まれてしまった。
　この日、日本軍は幾たびも大規模な反撃に出たが、すべて猛烈な砲撃によって粉砕されてしまう。そして天候がさらに悪化し、吹き付ける氷雨で視界が低下すると、艦砲や航空機の支援を望めなくなってしまった。戦闘は停止を余儀なくされたのである。海が荒れていてLSTが接岸できないため、負傷者は海岸に取り残されたままとなった。第1飛行場にほど近い戦線の後方では、第4海兵師団の墓地が開設された。この時まで、死者はポンチョに覆われた状態で、ある海兵隊員が言うところの「薪の束」のように並べられていただけだったのだ。
　ホランド・スミス中将は、オーバーンの艦上で損害評価をしていた。3日間の戦闘について各連隊からの報告を総合してみると、第4海兵師団では2,517名、第5海兵師団では2,057名と、合計4,574名の死傷者が確認された。まだ0-1ラインを達成したばかりだというのに。しかし、これから海兵隊が足を踏み入れようとしている丘陵地帯や峡谷、断崖こそが、最悪の戦場になるのだと言うことに、スミス中将は気づいていなかった。

海岸近くに並べられた、ポンチョで覆われただけの兵士の死体。埋葬班が死体の識別標と私物を確認している。(国立公文書館)

砲兵部隊からの支援射撃は前線部隊にとって不可欠だった。艦砲射撃と砲兵からの支援砲撃があって、はじめて海兵隊は前進できるのだ。(国立公文書館)

海兵隊が苦労して探り出した洞窟、トーチカ、掩蔽壕など、日本兵が潜んでいそうなありとあらゆる目標に対して、火炎放射器は大活躍した。火炎放射兵を敵の狙撃から守るため、周りには常に数名の小銃手が随行していた。（US Navy）

■**D+4（2月23日）**

　この日、第28海兵連隊はついに摺鉢山を占領した。島を一望できる戦略的要地がこれほど早く陥落するとは考えていなかった栗林中将にとっては想定外の展開だった。主戦線では、アメリカ軍の戦線をくぐり抜けて北部の守備隊に合流してきた生き残りの兵士たちを、臆病者と非難する士官の姿も見られた。

　天候の回復もあり、0800時、チャンドラー・ジョンソン海兵中佐は第3小隊に摺鉢山山頂の占領と確保を命じた。ハル・シュリアー中尉が率いる小隊40名は、武器と弾薬を携えて、北側斜面を慎重に登った。登攀は楽ではなかったが、抵抗は驚くほど軽微だった。1000時、ついに火口の縁まで到達した小隊に対して、わずかな敵が手榴弾で反撃してきた。1020時、水道管の残骸を使って、山頂に星条旗が掲揚され、その様子を海兵隊機関誌「レザーネック」のカメラマン、ルー・ロワリーが写真に収めた。島の南半分では、「旗が揚がったぞ！」という海兵隊員の大歓声がわき上がり、沖合の艦船は汽笛を鳴らして喜びを爆発させた。1200時前後には、最初の旗の替わりに、もっと大きな星条旗が掲げられたが、この様子を撮影したAP通信のカメラマン、ジョー・ローゼンタールの写真が、第二次世界大戦でもっとも有名な、星条旗を掲げる海兵隊の写真となる（摺鉢山に掲げられた星条旗の詳細については、付録3を参照）。

　硫黄島の三分の一は海兵隊の手中にあり、天候が劇的に回復したこともあって、ハリー・シュミット中将とケイテス少将は上陸して、島に司令部を移すことにした（第5海兵師団長のロッキー少将は、前日から上陸していた）。3人の将軍は状況について検討した。当面、ここでは第3海兵師団が戦線の中央を確保し、その東側を第4、西側を第5海兵師団が固めるという方針が確認された。海軍は、艦砲と航空支援を継続する。そして、3個師団にばらばらで配分されていた戦車は、海兵戦車集団としてまとめら

れ、その指揮は第5戦車大隊長のウィリアム・コリンズ海兵中佐に一本化された。

島の北部主戦線では、この日はもっぱら拠点の確保と再補給にあてられたが、第2飛行場の南側と石切場周辺では戦闘が続いていた。シュミット少将は、膠着状態を打破するために、大規模な攻撃計画を練り始めていた。

■D+5

シュミット将軍の言葉どおり、この日の戦いは全戦線に渡る凄まじい支援砲撃から始まった。西からは戦艦アイダホが飛行場の北側一帯に36㎝砲弾を叩き込み、上陸初日の損傷を修復した巡洋艦ペンサコラも、島の東側から砲撃に参加した。それだけではない。空からは爆弾やロケット砲による攻撃が加えられ、また、海兵の砲兵、迫撃砲部隊も莫大な量の砲弾を消費している。

攻撃の先頭に立ったのは、2つの飛行場のちょうど中間に配置された第21海兵連隊である。歩兵支援のために、戦車が集中して投入される予定となっていたが、該当区域の防衛を担当する池田大佐はこのことを予期していたため、飛行場を結ぶ誘導路には対戦車地雷（航空魚雷を改造した対戦車地雷もあった）が埋設され、さらに対戦車砲が待ちかまえていた。このため、最初の2両は地雷原で破壊され、残りは立ち往生させられてしまった。戦車の支援を失った兵士たちは、敵構築陣地に向かって小銃や手榴弾を携え、身をさらして立ち向かうより他はなかった。戦場は、まさに第一次世界大戦の再現となった。海兵隊員は高地に向かって突撃し、これを応戦して持ち場を飛び出した日本兵との間に白兵戦が発生したのである。手に持った武器で斬りつけあったり、殴り合ったりするだけでなく、時には手や足を使っての格闘戦にもなった。手足は折れ、体中が切り刻まれ、死体があちこちに転がる。海兵隊が高地を占拠したとき、周囲には50を超える日本兵の死体が残されていた。

日の入りまであと4時間ほどという時間になると、疲労の極みにあり、弾薬も乏しくなったこともあって、部隊は占領地の確保を始めた。夕方には恐れ知らずの海軍設営大隊がトラクターや牽引車を使って、弾薬、食料や水を運んできた。こうして兵士たちは夜襲に備えた。下級准尉だったジョージ・グリーンは「設営大隊の連中は牽引車に補給物資や弾薬を満載して、飛行場の縁までやってきたよ。最前線からほんの200ヤード（183m）しか離れていなかったな。暗くなって塹壕に籠もっていると、また牽引車がガタゴトやってきて、弾薬や水、おまけに火を通した食料を運んできたんだよ。車が入れない場所からは、それを吊光弾の明かりの中、2人がかりで運んで来るんだ。どうしてここまでしてくれるのか、俺にはわからなかった。夜になっても、牽引車はやってきたよ。タールを流したような暗闇だったのに運転してきたのさ。あの日、彼がどうやって目的地を探り当てたのか、見当もつかない。あの設営隊員たちこそ度胸の塊だと思うよ」

右翼側では、第4海兵師団第24連隊がチャーリードック・リッジ（屏風山）で苦戦していた。この尾根は、第2飛行場の南側を扼する傾斜地だったため、なんとしても攻略しなければならなかったので。砲兵と迫撃砲を動員し、突撃路に沿って尾根筋を攻撃したが、それでも多数の犠牲が生じた。1700時には、ウォルター・ジョーダン大佐の命令で陣地を強化する

海兵隊が苦労して探り出した洞窟、トーチカ、掩蔽壕など、日本兵が潜んでいそうなありとあらゆる目標に対して、火炎放射器は大活躍した。火炎放射兵を敵の狙撃から守るため、周りには常に数名の小銃手が随行していた。（US Navy）

■D+4（2月23日）

　この日、第28海兵連隊はついに摺鉢山を占領した。島を一望できる戦略的要地がこれほど早く陥落するとは考えていなかった栗林中将にとっては想定外の展開だった。主戦線では、アメリカ軍の戦線をくぐり抜けて北部の守備隊に合流してきた生き残りの兵士たちを、臆病者と非難する士官の姿も見られた。

　天候の回復もあり、0800時、チャンドラー・ジョンソン海兵中佐は第3小隊に摺鉢山山頂の占領と確保を命じた。ハル・シュリアー中尉が率いる小隊40名は、武器と弾薬を携えて、北側斜面を慎重に登った。登攀は楽ではなかったが、抵抗は驚くほど軽微だった。1000時、ついに火口の縁まで到達した小隊に対して、わずかな敵が手榴弾で反撃してきた。1020時、水道管の残骸を使って、山頂に星条旗が掲揚され、その様子を海兵隊機関誌「レザーネック」のカメラマン、ルー・ロワリーが写真に収めた。島の南半分では、「旗が揚がったぞ！」という海兵隊員の大歓声がわき上がり、沖合の艦船は汽笛を鳴らして喜びを爆発させた。1200時前後には、最初の旗の替わりに、もっと大きな星条旗が掲げられたが、この様子を撮影したAP通信のカメラマン、ジョー・ローゼンタールの写真が、第二次世界大戦でもっとも有名な、星条旗を掲げる海兵隊の写真となる（摺鉢山に掲げられた星条旗の詳細については、付録3を参照）。

　硫黄島の三分の一は海兵隊の手中にあり、天候が劇的に回復したこともあって、ハリー・シュミット中将とケイテス少将は上陸して、島に司令部を移すことにした（第5海兵師団長のロッキー少将は、前日から上陸していた）。3人の将軍は状況について検討した。当面、ここでは第3海兵師団が戦線の中央を確保し、その東側を第4、西側を第5海兵師団が固めるという方針が確認された。海軍は、艦砲と航空支援を継続する。そして、3個師団にばらばらで配分されていた戦車は、海兵戦車集団としてまとめら

れ、その指揮は第5戦車大隊長のウィリアム・コリンズ海兵中佐に一本化された。

島の北部主戦線では、この日はもっぱら拠点の確保と再補給にあてられたが、第2飛行場の南側と石切場周辺では戦闘が続いていた。シュミット少将は、膠着状態を打破するために、大規模な攻撃計画を練り始めていた。

■D+5
シュミット将軍の言葉どおり、この日の戦いは全戦線に渡る凄まじい支援砲撃から始まった。西からは戦艦アイダホが飛行場の北側一帯に36㎝砲弾を叩き込み、上陸初日の損傷を修復した巡洋艦ペンサコラも、島の東側から砲撃に参加した。それだけではない。空からは爆弾やロケット砲による攻撃が加えられ、また、海兵の砲兵、迫撃砲部隊も莫大な量の砲弾を消費している。

攻撃の先頭に立ったのは、2つの飛行場のちょうど中間に配置された第21海兵連隊である。歩兵支援のために、戦車が集中して投入される予定となっていたが、該当区域の防衛を担当する池田大佐はこのことを予期していたため、飛行場を結ぶ誘導路には対戦車地雷（航空魚雷を改造した対戦車地雷もあった）が埋設され、さらに対戦車砲が待ちかまえていた。このため、最初の2両は地雷原で破壊され、残りは立ち往生させられてしまった。戦車の支援を失った兵士たちは、敵構築陣地に向かって小銃や手榴弾を携え、身をさらして立ち向かうより他はなかった。戦場は、まさに第一次世界大戦の再現となった。海兵隊員は高地に向かって突撃し、これを応戦して持ち場を飛び出した日本兵との間に白兵戦が発生したのである。手に持った武器で斬りつけあったり、殴り合ったりするだけでなく、時には手や足を使っての格闘戦にもなった。手足は折れ、体中が切り刻まれ、死体があちこちに転がる。海兵隊が高地を占拠したとき、周囲には50を超える日本兵の死体が残されていた。

日の入りまであと4時間ほどという時間になると、疲労の極みにあり、弾薬も乏しくなったこともあって、部隊は占領地の確保を始めた。夕方には恐れ知らずの海軍設営大隊がトラクターや牽引車を使って、弾薬、食料や水を運んできた。こうして兵士たちは夜襲に備えた。下級准尉だったジョージ・グリーンは「設営大隊の連中は牽引車に補給物資や弾薬を満載して、飛行場の縁までやってきたよ。最前線からほんの200ヤード（183m）しか離れていなかったな。暗くなって塹壕に籠もっていると、また牽引車がガタゴトやってきて、弾薬や水、おまけに火を通した食料を運んできたんだよ。車が入れない場所からは、それを吊光弾の明かりの中、2人がかりで運んで来るんだ。どうしてここまでしてくれるのか、俺にはわからなかった。夜になっても、牽引車はやってきたよ。タールを流したような暗闇だったのに運転してきたのさ。あの日、彼がどうやって目的地を探り当てたのか、見当もつかない。あの設営隊員たちこそ度胸の塊だと思うよ」

右翼側では、第4海兵師団第24連隊がチャーリードック・リッジ（屛風山）で苦戦していた。この尾根は、第2飛行場の南側を扼する傾斜地だったため、なんとしても攻略しなければならなかったので。砲兵と迫撃砲を動員し、突撃路に沿って尾根筋を攻撃したが、それでも多数の犠牲が生じた。1700時には、ウォルター・ジョーダン大佐の命令で陣地を強化する

硫黄島のいずこかで撮影された装甲アムトラック
「オールド・グローリー号」（国立公文書館）

ことになった。夜襲への備えである。硫黄島での戦況全般からすると、この日に達成した戦果は目を見張るものがあるが、犠牲もまた甚大だった。D+1からD+5の5日間に、1,034名が戦死し、3,741名が負傷した。この他に、行方不明5名と、戦争神経症で558名が脱落している。まだ島の半分以上は日本軍の手に残され、戦闘はさらに30日以上続くのである。

D+6 〜 D+11／人肉粉砕機への突撃

■D+6（2月25日）

　O-1ライン該当地域をほぼ占領したことにより、シュミット少将は戦線の北側で攻勢を取り、平地部と未完成の第3飛行場を抜いて北海岸まで兵を進め、敵を分断しようと考えた。これには、司令部の別の判断も影響している。島の西海岸は補給物資の揚陸地点として喉から手が出るほど欲しい場所であり、実際、沖合の輸送船にはまだ揚陸が済んでいない補給物資が満載されていた。2ヶ月後に沖縄上陸作戦を控え、こうした輸送船が後方で必要とされていたにも関わらず、第2飛行場北側の台地は日本軍の支配下にあり、西海岸は野砲に制圧されている状態だった。

　一方、実際は島の南端まで全て日本軍野砲の射程下におさめられている状態ではあったが、第1飛行場周辺は巨大な建設現場へと変貌を遂げていた。2,000名を超える海軍設営大隊が滑走路の拡張工事に取りかかったのである。工事が終われば、P-51ムスタング戦闘機や、P-61ブラックウィドウ夜間戦闘機はもちろん、B-29スーパーフォートレス重爆撃機の発着も可能になる。また摺鉢山の沖合には、PBYカタリナやPB2Yコロナドが使用する飛行艇泊地が作られた。彼らはマリアナから日本にかけての水域で、海難救助に従事するのである。ほんの数日前まで血みどろの戦場だった場所が、瞬く間にかまぼこ形兵舎やテント、作業場、補給集積所などが立ち並ぶ「都市」へと変貌してしまったのである。

　2月25日、日曜日、すなわちD+6に北海岸に向けての攻撃が始まった。日曜日といえど、戦う海兵隊に休日はない。第2飛行場主要滑走路の縁にある高地に向けて、第3大隊が移動を開始する。これを支援するため、26

西海岸を使用可能にできるかどうかに、作戦の命運がかかっていた。車両や装備品で埋め尽くされたため、東海岸の揚陸能力は麻痺していたのである。（国立公文書館）

地形が許す場所では、ロケット砲搭載1tトラック（T45自走ロケット弾発射機）が広く使用された。日本軍の迫撃砲を無力化するため、一列に並べられたトラックから可能な限り素早くロケット弾を発射した。（国立公文書館）

訳註21：ピーター・ヒルの他にもオーボエ・ヒルと呼ばれた高地があったが、これらは砲爆撃標定地図の該当地域に付されたアルファベットに由来する。アメリカ軍は艦砲や砲兵隊の砲撃に迅速、正確を期すため、事前に全島を3桁の数字とアルファベットが付されたマス目に区切った地図を作製し、要請を受けた座標に砲撃する射撃システムを構築していた。

両のシャーマン戦車が突進し、日本軍のあらゆる反撃砲火を一身に引き受ける。先頭を行く3両のシャーマンが炎に包まれ、遺棄された。もっとも防備が堅牢な日本軍陣地は、"ピーター・ヒル"と呼ばれた、高さ360フィートの丘で、滑走路からよく目立っていた [訳註21]。海兵隊は繰り返しこの丘に攻撃を仕掛けたが、抵抗は頑強で、1430時になっても200ヤード（183m）しか前進できなかった。第2、第1大隊は、飛行場の北側でもうすこしましな成果をあげたものの、ピーター・ヒルは日本軍に確保されていた。結局、この日の戦いでは9両のシャーマン戦車が破壊され、海兵隊の死傷者も400名近くに達している。

　左翼の第5海兵師団は、第3海兵師団の戦線よりすでに400ヤード（366m）近く前進しており、停止命令が出されていたが、右翼の第4海兵師団は4カ所の強固な陣地帯に阻まれていた。この複合陣地帯は、後に「人肉粉砕機（ミートグラインダー）」と呼ばれ、恐怖の象徴となる。その陣容は次のようになっている。第一は382高地（二段岩）で、その名は海抜高度に由来し、斜面には無数のトーチカと洞窟陣地が穿たれていた。その400ヤード南側には「円形劇場」と呼ばれた低い丘があって、そのすぐ東側に、堅牢な小要塞で取り囲まれた「ターキーノッブ（玉名山）」がそびえていた。4番目の障害が南集落の跡地で、艦砲射撃で廃墟と化した同地は、機関銃陣地へと変貌していた。このような複郭陣地が形成する殺傷地帯を守備するのが、千田少将の混成第2旅団である。同旅団には、西中佐（バロン西）の戦車第26連隊も加えられており、戦車と呼べる装備は無いに等しかったが、戦意は旺盛だった。

　第4海兵師団の第23、第24連隊に所属する約3,800名の兵士は、「人肉粉砕機」が硫黄島でもっとも防備堅牢な陣地帯であるという事実を知らないまま攻撃に備えていた。そして0800時、お決まりになった無敵艦隊からの艦砲射撃と艦上機の爆撃に続き、382高地に突撃した。1個小隊がどうにか頂上までたどり着きはしたものの、振り返ってみれば完全に孤立した状態となってしまい、やがて日本軍の本格的な反撃にさらされることにな

第2次世界大戦でもっとも有名な写真。1945年2月23日、摺鉢山に星条旗が掲揚される瞬間をとらえた、AP通信のカメラマン、ジョー・ローゼンタールの芸術的な一枚である。（US Navy）

ってしまった。凄惨な白兵戦の後、小隊の生き残りは煙幕に隠れての撤退を余儀なくされた。戦場に取り残されてしまった約10名の負傷兵は、夜になってから勇敢な志願兵によって救出されたが、500名もの犠牲を出しながら、たったの100ヤード（91m）しか前進できず、一日が終わってしまった。「人肉粉砕機」での戦いは完全に膠着したのである。

■D+7（2月26日）

　日差しこそしっかりしていたが、かなり冷え込む朝となった。この島に上陸してから、まだ一週間しか経っていないという事実を信じられる海兵隊員はいなかっただろう。もう一ヶ月も経ったのでは、そう錯覚させるほどの激戦が続いていた。0800時、抵抗を続けていた「ピーター・ヒル」に対して、戦車の支援を受けた第9海兵連隊が前進を開始した。1両の火炎放射戦車[訳註22]が戦線に深く浸透し、坑道に逃げ込もうとする日本兵を焼き殺す一幕もあったが、この日の戦果は乏しかった。

　西側では、西集落から600ヤード（549m）南に位置する362A高地を視野に入れていた。同高地にはトーチカや洞窟陣地が張り巡らされている。第5海兵戦車大隊が岩場や礫地帯を乗り越えて支援に加わったが、この堅陣を抜くことはできなかった。その少し右側の戦線では、戦車部隊が敵

訳註22：硫黄島作戦ではシャーマン火炎放射戦車8両が投入された。これまでの車体前面機銃ではなく主砲をPOA-CWS-H1型火炎放射器に置き換えたもので、射程距離に優れていた。

砂に埋まって身動き取れなくなった戦車、砲撃で破壊されたアムトラック——上陸から数日経った海岸の様子。(国立公文書館)

戦線を突破し、100ヤード（91m）の前進を成し遂げ、第27海兵連隊は海上の砲艇から支援を受けつつ、西海岸沿いに前進していた。「人肉粉砕機」の一角、382高地を巡る2日目の戦いでは、第24海兵連隊の替わりに第25海兵連隊が配置についていた。この最初の攻撃で、同連隊は100ヤード（91m）ほど前進できたが、やがてターキーノブからの激しい機関銃射撃によって足止めされてしまった。

第23海兵連隊は左に旋回しつつ、飛行場の外辺部に設置された地雷原を抜け、丘の麓にある無線基地を目指して前進した。しかし、この動きに対して、ターキーノブと382高地から阻止射撃が加えられ、その結果、17名が命を落とし、26名が負傷して、前進は停止してしまう。ここでも煙幕を張って負傷兵を収容しなければならなかった。この戦いの間、ダグラス・ジェイコブソン2等兵は、単身でバズーカを抱えて16カ所の敵拠点を破壊している。19歳の兵士がたった1人で、30分もしないうちに75名の敵兵を殺害したのである。この功績によって、彼は名誉勲章を授与された。

■D+8（2月27日）

「ピーター・ヒル」は第3海兵師団の真正面に立ちだかっていた。0800時、第9海兵連隊の第1大隊（ランダル中佐）と第2大隊（クッシュマン中佐）が複郭陣地帯の攻略にかかった。機関銃や迫撃砲弾の雨の中を、兵士たちは一歩ずつ前進した。第1大隊は丘の頂上に到達したが、後方に残してきた敵拠点からの射撃で釘付けにされてしまう。このため午後になって、救出チームが新たな攻撃を開始し、包囲されていた仲間を救出した。

島の東側では、第4海兵師団が難攻不落の「人肉粉砕機」を前に、手詰まりの感を強くしていた。ケイテス師団長はこの戦区に5個大隊を集め、

第2飛行場近くに戦車が集結する中、敵陣地帯への新たな攻撃を前につかの間の休息をとる第24海兵連隊の兵士たち。（USMC）

うち2個を382高地、3個をターキーノッブの攻略にあたらせた。斜面上では終日、一進一退の攻防戦が繰り広げられた。豪雨のように降り注ぐ迫撃砲弾の中、斜面をよじらなければならない仲間のために、海兵砲兵隊が500発を超えるロケット弾を撃ち込んだ。そしてついに、一握りの海兵隊が丘の頂上に到達したが、その頃には彼らの弾薬は尽きかけており、日本軍の反撃の前に撤退を余儀なくされた。同じ頃、丘の麓では凄惨な白兵戦を交えつつも、包囲を完了し、占領地を確保するために陣地を強化した。

　戦線が北へと移るにつれ、谷や巨礫にはばまれ、戦車が活躍できる余地が小さくなった。シャーマン戦車の車体にドーザーブレードを装着したドーザー戦車が、障害物を取り除くために走り回り、攻撃路を開鑿するが、その最中にも戦闘は激しい白兵戦へと移行し、捕虜を得るのも難しいほどの激戦の中で、犠牲者数は加速度的に増加した。日本軍より有利な点と言えば、海兵隊には補充兵がいることだが、前線で戦う兵士にはなんの慰めにもならない。

　夜になると、父島から決死の覚悟の日本機が飛来して、守備隊に補給物資を投下した。これは硫黄島を巡る戦闘の最中に発生した、日本軍に対する唯一の支援行動だった。数個の落下傘に分けられた衣料品や弾薬は、無事に友軍の手に渡った。すぐさま夜間戦闘機が迎撃に出動し、これら日本軍機のうち3機を撃墜した。栗林中将は、この決死的支援に感動を覚え、「勇敢な搭乗員らに敬意を表する。彼らの勇気をその目にした硫黄島の若者らが、その死をどのような思いで見つめていたか、言葉にするのは難しい」と謝辞を述べている。

T45自走ロケット弾発射機は日本軍の迫撃砲、野砲の主要目標となった。トラックの近くに落ちた迫撃砲弾から海兵隊員が必死に逃れる様子をとらえた印象的な1枚。(国立公文書館)

訳註23：1942年に海兵隊の装備となったM2-2火炎放射器は、特に太平洋戦争で、洞窟陣地や坑道に潜む日本兵の掃討時に絶大な威力を発揮した。射程は36.5m、9秒ほどの放射が可能だったが、燃料込みで約30kgにも及ぶ重量装備のため、火炎放射兵には数名の小銃兵が随伴して、彼を掩護した。その性質から安全な兵器とは言えず、誤作動で自ら焼死してしまう火炎放射兵は少なくなかった。

■D+9（2月28日）

　2月の最終日は、戦線中央の第3海兵師団戦区で大きな動きが見られた。皮肉なことに、上陸前にシュミット将軍が戦闘終結を予測していたのがこの日だったわけだが、今日の彼は、第3師団に北海岸への前進を命じている。疲弊している第9連隊に替わって、第21連隊が先鋒に立ち、0900時に移動を開始した。これほどの破壊の中を生き延びる者がいるとは信じられないほどの砲撃に続き、前進が始まった。途中、西中佐の戦車第26連隊と遭遇したが、主力のハ号（九五式軽戦車）は装甲が薄く、バズーカや機銃掃射で簡単に撃破されてしまったため、この時点で西中佐の手元には戦車3両しか残っていなかった。日本軍はすぐに態勢を整え、午後には手詰まりになったため、この日2度目となる支援砲撃を要請した後、1300時、部隊は前進を再開した。この攻撃では海兵隊側が主導権を握り、元山集落にまで到達できた。この島で最大の集落だった元山も、すでに廃墟となっている。建物の残骸などに身を潜めていた敵の機関銃手や狙撃兵はまもなく排除され、デュプランティス中佐の第3大隊は、未完成の第3飛行場を見下ろす高地の攻略に取りかかった。

　同じ頃、第1、第2大隊は敵拠点の掃討に全力を挙げていた。午後には火炎放射班と破壊班が側面を確保した。洞窟陣地、トーチカ、掩蔽壕などに拠る敵を排除するのに、火炎放射器ほど有効な手段はない［訳註23］。残虐な結果をもたらす兵器ではあるが、このおかげで救われた兵士は数え切れない。さもなければ、降伏という選択肢を持たない日本兵との戦闘で、どれだけの海兵隊員が命を落とすことになっただろうか。ハンク・チャンバーレイン上等兵はこの時の戦いについて「私は洞窟陣地のそばで火炎放射兵の掩護についていたんだ。すると我々に向かって手榴弾が飛んできたので、とっさに左にあった岩陰に逃げ込んだんだ。爆発はしたけど、なんとか無事だったよ。火炎放射兵は洞窟陣地の入り口の脇に隠れていて、とっさに飛び出すと中に向けて火炎を放射した。日本兵が一人、悲鳴を上げて飛び出してきた。全身が紅蓮の炎に覆い尽くされて、その叫び声といったら、とても言葉にはできない。バッキーと私は洞窟の中をしゃむにに撃ち

第5海兵師団の支援砲撃に加わるM1A1 155㎜榴弾砲。（USMC）

まくり、弾が切れたらすぐに弾倉を入れ替えて、また同じように撃ちまくった。弾が切れるまで」と語っている。「その日本兵は地面に倒れ、宙を掻きむしるように両腕を振り回していたよ。我々は銃弾で彼の苦悩を終わりにしたんだ。そうやって何人も殺したよ」と語っている。

　第5海兵師団の戦区では、362A高地（大阪山）の攻略ができないでいた。この高地の山頂周辺は対戦車砲と迫撃砲で固められ、麓はトーチカや掩蔽壕が取り巻いている。戦車の支援を受けた第27海兵連隊の2個大隊が、火炎放射班と破壊班を押し立てて362A高地に強襲をかけたが、わずかな前進しかできず、1200時にロケット砲搭載トラック6台が4.5インチロケット砲の一斉発射で攻撃を支援した。こうした効果もあって、山頂までたどり着いた部隊もあったが、ここも日本兵の反撃によって押し返されてしまう。結局、この日に得たものは第1大隊が抵抗を排除しながら、高地の麓を300ヤード（274m）ほど前進したことくらいだった。

「人肉粉砕機」の難局にも変化はない。第4海兵師団は相変わらず382高地とターキーノッブの攻略に手を焼いていた。拠点ごと包囲してしまおうという試みも遅々として進まず、負傷兵を収容するための煙幕がひっきりなしに張られる始末だった。1645時、この日の作戦は終了した。

　最大の事件は、後方で起こった。第1飛行場周辺に集積していた大量の弾薬に、日本軍の砲弾が命中したのである。硫黄島の南側では、どこからでも驚異的な花火を目にすることができた。それほどの爆発だった。大音響は耳をつんざくほどで、小銃弾があたり一面ではぜていた。黒煙は海まで覆い尽くすほどの大きさだった。奇跡的なことに、この事故による犠牲者こそ出なかったが、第5海兵師団は保有していた弾薬の4分の1を喪失してしまった。

■D+10（3月1日）
　夜が明けてから第3飛行場を俯瞰すると、戦局が次のように推移したことがわかる。第3海兵師団の第21連隊は、拍子抜けするほど軽微な反撃しか受けず、1200時までには主要滑走路を横切ることができた。戦車は前進して攻撃を支援し、362B（天山）、362C（東山）高地にたどり着くまで

激化する硫黄島北部の戦場で鹵獲した九二式重機関銃を使用している海兵隊の機関銃操作班。（国立公文書館）

は、全てが順調に運んでいた。しかし、途中に据えられていた2カ所以上の小要塞が海岸までの道のりに立ちはだかり、前進はこの時に停止してしまった。

　西海岸では、摺鉢山を占領した第28連隊が第5海兵師団戦区に投入された。同連隊の3個大隊全てが362A高地の北側を奪取する計画である。戦艦と3隻の巡洋艦による準備砲撃に続き、砂塵が消える頃、第1、第2大隊が高地の斜面に突進して、頂上の奪取に成功したのである。この地域を放棄した日本軍は迷路のような地下坑道に姿を消し、北側200ヤード（183m）に連なる西尾根に拠点を移した。

　第4海兵師団にとって、382高地の攻略は死命を決する問題になり始めていた。ここが落ちないと、島の東側一帯は日本軍の手に残されたままとなってしまう。夜明け前に、第24連隊は第23連隊と交替した。この日の激戦は、一進一退の攻防戦となった。第1、第2大隊は迅速に前進したが、すぐに迫撃砲によって足止めされてしまう。艦砲、野砲、航空機による支援が始まれば、日本兵は洞窟陣地に姿を消して、これをやり過ごす。そして態勢を立て直した第1大隊が攻撃を再開すると、いつの間にか地下から日本兵が姿を現し、高地から機関銃や小銃弾、迫撃砲弾が撃ち込まれるのである。結局、午後には手詰まりになっていることを思い知らされるのだ。

　遠征軍指導部は、参加部隊の戦闘力を考慮しなければならなくなった。将校、下士官に生じた大量の犠牲によって、指揮系統の乱れが常態化して

硫黄島の戦いが始まって4日目、第21海兵連隊は第2飛行場のそばに張り巡らされていた日本軍の陣地帯に手を焼いていた。ハウザー少佐は部隊で最後の1人となっていたハーシェル・ウィリアムズ伍長に護衛の小銃手を付けて、前線に送り込んだ。彼は危険をものともせずに敵拠点の間を駆け回り、片端から焼き尽くして突破口を開いた。この功績が認められ、伍長はこの戦いにおける第3海兵師団最初の名誉勲章受勲者となった。

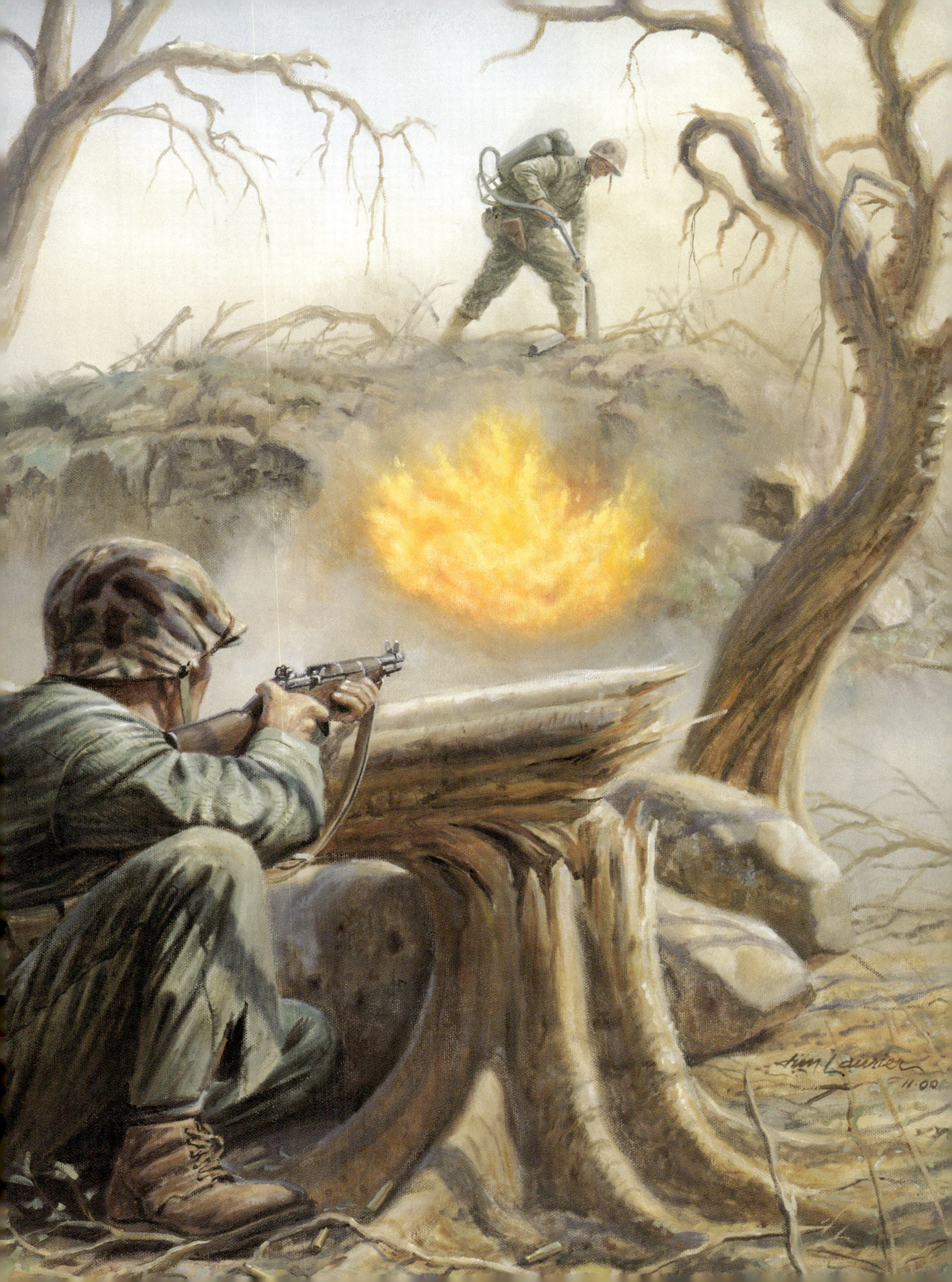
Jim Laurier
11·00

2人の火炎放射兵。リチャード・クラット上等兵（左）とウィルドレッド・ヴォーゲリ上等兵（右）が火炎放射器の恐ろしい威力を披露している。（国立公文書館）

いたためである。第25海兵連隊第3大隊に関する内部レポートが、この時、前線で起こっていたことを如実に物語っている。

「各部隊の兵士たちが置かれている心理状態について、ここでは特筆を要する。我々は10日間にわたり強襲を繰り返したのに、800ヤード（732m）ほどの前進しか成し遂げていない。まず第一に、部隊を休息させようにも、現時点の占領地が、これから占領しなければならない場所よりも狭いという問題がある。強襲を繰り返し、我々は甚大な損害を被っている。ある中隊では、たった1度の攻撃で中隊長と2人の小隊長が戦死するという有様だ。実際のところ、D+11からD+17にかけての期間、我々はほとんど前進を成し遂げていないが、様々な口径の迫撃砲弾が自軍陣地に降り注ぎ、多数の負傷者が生じている。D+8、自軍前線を明示していたにも関わらず、事前の警告無しに戦線が交錯する位置に対して機銃掃射とナパーム攻撃が行なわれた。D+11にはTBF（アヴェンジャー攻撃機）が自軍陣地内を誤爆している。D+12、またも警告がないまま、ロケット砲によると思われる誤爆が自軍側面の小隊に対して発生した。以上のような経緯から、我が部隊は神経過敏になっている。我々は、これ以上任務に堪えられそうにない部隊に休息を与えるべきと認識している」

アースカイン師団長は補充兵の質に関して、「彼らは戦いに投入されたその日に戦死してしまう」と、痛烈な批判を加えている。問題は「組織上の補充」ではなく、「戦闘力の補充」が可能かどうかである。

「この時の戦闘交替要員は、1944年夏、サウスカロライナ州パリス島で訓練した新兵で、彼らはそこで資格証明のために一度だけ射撃している。9月に入ると、彼らはキャンプ・ルジューンの歩兵訓練部隊に送られて小銃射撃術、手榴弾、小銃擲弾を一度ずつ実地で学ぶ。10月には第30次補充隊として編制され、キャンプ・ペンドルトンやハワイのマウイ島に送られ、そこでは特に追加訓練が施されると言うこともなく、軍務に従事する事になる。そしてクリスマスが過ぎると、彼らは硫黄島に派遣された。作戦に投入される前にマウイ島に戻り、もう一度訓練を受けてれば、ずいぶ

んと助かっただろう」と、硫黄島の戦いを生き残り、作家となったジョン・レーンは語っている。機関銃操作班に1人の補充兵が加えられた状況を想像すれば、どんなことかよく分かるだろう。彼はこう質問してくるのだ。「了解しました。これはどのようにして撃つのでしょうか?」

■D+11（3月2日）

　382高地とターキーノッブへの攻撃が続く。第25海兵連隊第1大隊が夜明け前に敵陣浸透を試みたが、高地から狙い撃ちしてくる迫撃砲に阻止されてしまった。シャーマン戦車と火炎放射戦車がターキーノッブの頂上付近にある防御拠点を叩き、洞窟陣地には、燃料に換算すれば1,000ガロン以上に相当する火炎放射が注ぎ込まれた。しかし、こうした攻撃も、日本兵は坑道の奥深くに逃れてやり過ごしてしまう。一方、この日にもっとも激しい戦いを経験することになる第26海兵連隊は、ついに382高地を制圧した。犠牲者は恐るべき数字に達した。ある部隊では迅速な前進と引き替えに5人の士官を失っている。2人は致命傷を負い、2人は重傷、もう1人は膝から下を失っている。そういう戦いだった。

　戦線中央では、北海岸まで到達するという望みが潰えた。海岸までは1,500ヤード（1,372m）あまり。目と鼻の先に思えたが、第3海兵師団は362B、362C高地を抜けずにいたのである。4,000名の兵士が、362B高地と第3飛行場の2つの目標に対する攻撃に投入された。362B高地へにたどり着くには、敵砲撃部隊から見下ろされ、遮蔽物が一切ない開鑿地を通過しなければならない。戦車が支援するとはいえ、高地の基部までは500ヤード（457m）も前進しなければならなかった。

　右翼側では第2大隊が飛行場の東側を目指していたが、西中佐の部隊と衝突し、わずかな距離しか前進できなかった。すでに麾下の戦車は失われていたが、西中佐は連隊の残存兵力で前線を死守する覚悟を固めていたのである。ロサンゼルス五輪の馬術競技で、愛馬ウラヌス号と共に金メダルに輝き、ハリウッドスターとも親しく交遊した栄光の日々は、すでに遠い思い出となっていた。

　西海岸に配置されたチャンドラー・ジョンソン大佐の第28海兵連隊は西尾根を確保をしようとしていた。362A高地の脇を通過するときに機関銃の攻撃を受けたが、高地と尾根の間にある小さな谷まで前進し、そこに敵拠点が隠されている岸壁をシャーマン戦車が直接射撃できるだけの平地を見いだした。ジョンソン大佐は、兵士と共に前線で戦う姿勢で勇名を馳せていたが、明らかに自軍の誤射と思われる砲弾で身体を吹き飛ばされて戦死した。

厚地兼彦大佐は、摺鉢山を堅牢な要塞にして待ちかまえていた。洞窟陣地内で密接な連携を保ちながら、野砲や迫撃砲、機関銃からなる立体的な構築陣地が、第28海兵連隊の攻撃を押しとどめていたのである。山頂に向かって蜂の巣のように張り巡らされた掩体が海兵隊の左翼を阻害していたが、2月23日、山頂に星条旗が翻ると共に、摺鉢山の抵抗は終了した。

第13海兵砲兵連隊から105mm榴弾砲の支援を受けた第28海兵連隊は、D+1までに島を分断する形で対岸までの戦線を確保した。摺鉢山が島の北部から切り離されてしまうことは、栗林司令官にとって織りこみ済みであり、防御計画全般に影響を与えるほどのことはなかった。摺鉢山は半ば独立指揮のもとで戦えるように配慮されており、本隊からの支援がなくても抵抗を継続できたからである。

摺鉢山山頂に向かう道は、第2大隊戦区にあたる北側斜面にしかなかった。D+4の0900時、ジョンソン大佐はD、Fの二つの中隊から偵察を出して山頂までの道を探らせたが、これは軽微な抵抗しか受けなかった。その後、兵士40人からなる分遣隊が派遣され、1015時、彼らは山頂火口の縁に到達した。この時、わずかに残っていた守備隊との散発的な戦闘が発生したものの、短時間のうちに制圧している。

第28連隊第2大隊

グリーン
2-28
レッド1
1-28
2-27
レッド2
1-27

0935時、第28海兵連隊は上陸を開始し、日本軍の拠点を迂回しながら、西海岸までの確保を目指して突進した。負傷兵は衛生下士官の手に委ねられた。凄まじい損害にも関わらず、1035時には西海岸に到達した。そして1039時に、ロッキー師団長は予備として後置していた第3大隊に上陸命令を出して、第1、第2大隊の支援に向かわせた。

戦闘

AP通信のカメラマン、ジョー・ローゼンタールは40名の小隊に続いて、摺鉢山の頂上に達し、そこで1020時に掲げられた縦0.7m、横1.4mの星条旗を目にした。たまたま、もっと大きな縦1.4m、横2.4mの星条旗、つまり2番目の星条旗が、最初に掲げられた星条旗と交換される場に立ち会えたため、この掲揚の様子を撮影することができた。後に無数の複製を生み出すことになる、第二次世界大戦でもっとも有名な写真はこのように撮影された。

D+3、連隊戦区の中央を担当していた第3大隊は摺鉢山基部への攻撃に激しい戦闘に巻き込まれていたが、その間にG中隊、E中隊から派遣された偵察隊が荒れ果てた地形に手こずりながらも、それぞれが山麓を東西から迂回し、飛石鼻のそばで合流した。これにより摺鉢山の包囲は完成した。

21日から22日にかけての夜間、日本軍は夜襲を2度試みたが、どちらも大損害を出して失敗した。第2大隊に配備されていた海兵隊の81㎜迫撃砲小隊は、この攻勢の一つを撃退した際に、日本軍に60名の損害を与え、再度、彼らが西海岸沿いに北方へ逃れようとした際にも、戦死者28名の損害を強いている。

第28連隊第1大隊

第28連隊第3大隊

海軍は戦艦、巡洋艦による艦砲射撃と、駆逐艦による夜間照明で、摺鉢山掃討作戦を支援していた。天候が許せば、沖合に停泊していた空母群からは、コルセアやヘルキャット、アヴェンジャーなどが発進して、爆弾やナパーム弾を投下したり、機銃掃射をするなどして支援に加わった。

D+2、第28連隊は東西両方の海岸から摺鉢山を取り囲もうとしていた。西側は第1大隊、東側は第2大隊、そして中央は第3大隊の担当である。この攻撃を支援する予定だった戦車は、燃料と弾薬の補給に手間取り、予定に間に合わなかった。整備部隊がまだ上陸できずにいたためである。

D-Day 〜 D+4　摺鉢山の攻防

グリーン海岸に上陸した第28海兵連隊は、摺鉢山の山麓にあたる幅700ヤード（640m）の地峡部を突破前進した。激しい抵抗に直面し、大損害を出しながらも、1035時までに守備隊ごと摺鉢山を孤立させたのである。この防御拠点が早期に孤立してしまうことを栗林司令官は覚悟していたが、厚地大佐麾下の守備隊がわずか4日間しか持久できなかったことには落胆している。

第5海兵師団が西海岸沿いに前進するにつれて、多くの日本軍砲座が奪取された。日本軍の沿岸砲陣地跡で歩哨に立つ海兵隊員。（国立公文書館）

敵が残した設備を使い、軍医が負傷兵に外科的な処置を施している。第4海兵師団戦区のどこかで撮影された。軍医の胸ポケットにあるハサミと膝当てに注目。後送されるまで、負傷兵はこうした粗末な環境で生き残らなければならなかった。（国立公文書館）

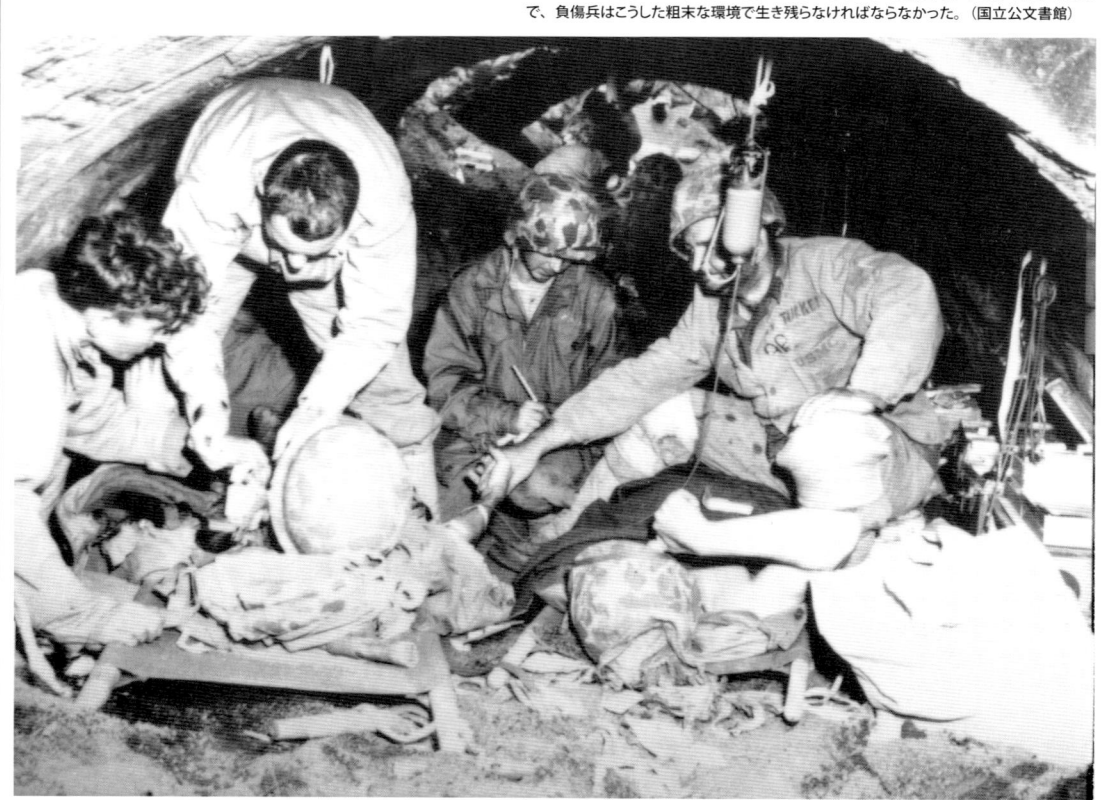

D+12 〜 D+19 ／膠着

■D+12（3月3日）

　犠牲者の数は疫病のように増加している。この日までに戦傷者数は1万6,000名を数え、うち3,000以上が戦死である。日本軍側の数も驚異的だ。上陸初日、栗林中将には2万1,000名の兵士がいたが、この時点では7,000名しか残っていなかったのだ。硫黄島攻略戦は当初の見積もりよりも大幅に長引き、谷から谷、尾根から尾根、そして洞窟陣地を巡る、情け容赦のない戦いは激化の一途をたどっていたのである。

　第5海兵師団は西海岸方面で圧力を加え続けていた。第26海兵連隊は362B高地を攻撃し（もともとは第3海兵師団の担当戦区となっていたが、第5海兵師団担当に変更となった）、第28海兵連隊は西尾根の正面に布陣していた。この日も激しい戦闘となり、どちらも大損害を被った。それでも第26連隊は362B高地の山頂を奪取したが、周囲は敵軍に囲まれている。一方、第28連隊が西尾根の占領に成功したという朗報が届いた。この戦略的要地の攻略に多大な犠牲を覚悟していたロッキー師団長は、思いがけない知らせに歓喜した。

　第3海兵師団は「人肉粉砕機」に対する攻撃を繰り返した。ジョーダン大佐の第24連隊は382高地を、ウェンシンガー大佐の第23連隊はターキーノッブ、円形劇場、南集落をそれぞれ攻撃した。第4戦車大隊のシャーマン戦車はそれぞれの連隊に割り当てられていたが、戦場の奥深くに進むにつれ、岩がちな地形が顕著になり、やがて戦車では乗り越えられない大きさの岩石が転がる険悪な地形となって、完全に足を止められてしまった。戦闘工兵は勇敢にも敵の弾丸の下をかいくぐり、道を開鑿しようと試みたが、成功とまでは呼べなかった。第24海兵連隊はコンクリート製のトーチカ網を前に立ち往生したが、数両の戦車がどうにか駆けつけ支援に付いたため、突破することができた。こうして382高地は包囲された。第23連隊が敵残余拠点からの縦射でほとんど身動きできなかったので、第24連隊の前進だけがこの日の戦果だったといえる。

　このように、具体的な戦果としては落胆の色を隠せない結果に終わったものの、にわかには信じられないほどの武勲を発揮した兵士が続出し、5個もの名誉勲章が授与される1日となった。2人の海兵隊員が、仲間の命を救うために敵の手榴弾に身体ごと覆い被さり、それぞれ戦死した。2人の衛生下士官は、自己犠牲をいとわぬ献身的な救命活動で篤い信頼を隊員から勝ち取った。それはどのような功績だったのか。1人は自身も重傷を負いながら、負傷した兵士を後方まで引きずっていって、その命を助けたことを称えられ、もう1人は命を落とすまで負傷兵の救護にあたった功績を認められたのである。5番目の受賞者はウィリアム・ハレル軍曹で、彼は日本軍の夜間浸透に対して、両腕を失うという重傷を負ってもなお、持ち場を守り抜いていた。

■D+13（3月4日）

　この日の天候は悪化した。雲は低くたれ込め、冷たい小糠雨まで降っていたために視界が悪く、空母艦上機や艦砲の支援はあてにできなかった。昼のほとんどの時間は洞窟や地下トンネルに籠もり、夜になると戦線の間

382高地は地雷原に囲まれており、歩兵が接近して火炎放射器、鞄爆弾、手榴弾などで陣地を潰していくほか無かった。1個小隊が山頂にたどり着いたものの、瞬く間に激しい反撃を受け、生存者は煙幕に身を寄せて撤退するしかなかった。人肉粉砕機に突入した最初の日は、完全な手詰まりで終わった。500名もの犠牲者を出したにもかかわらず、100ヤード（91m）しか前進できなかったのである。

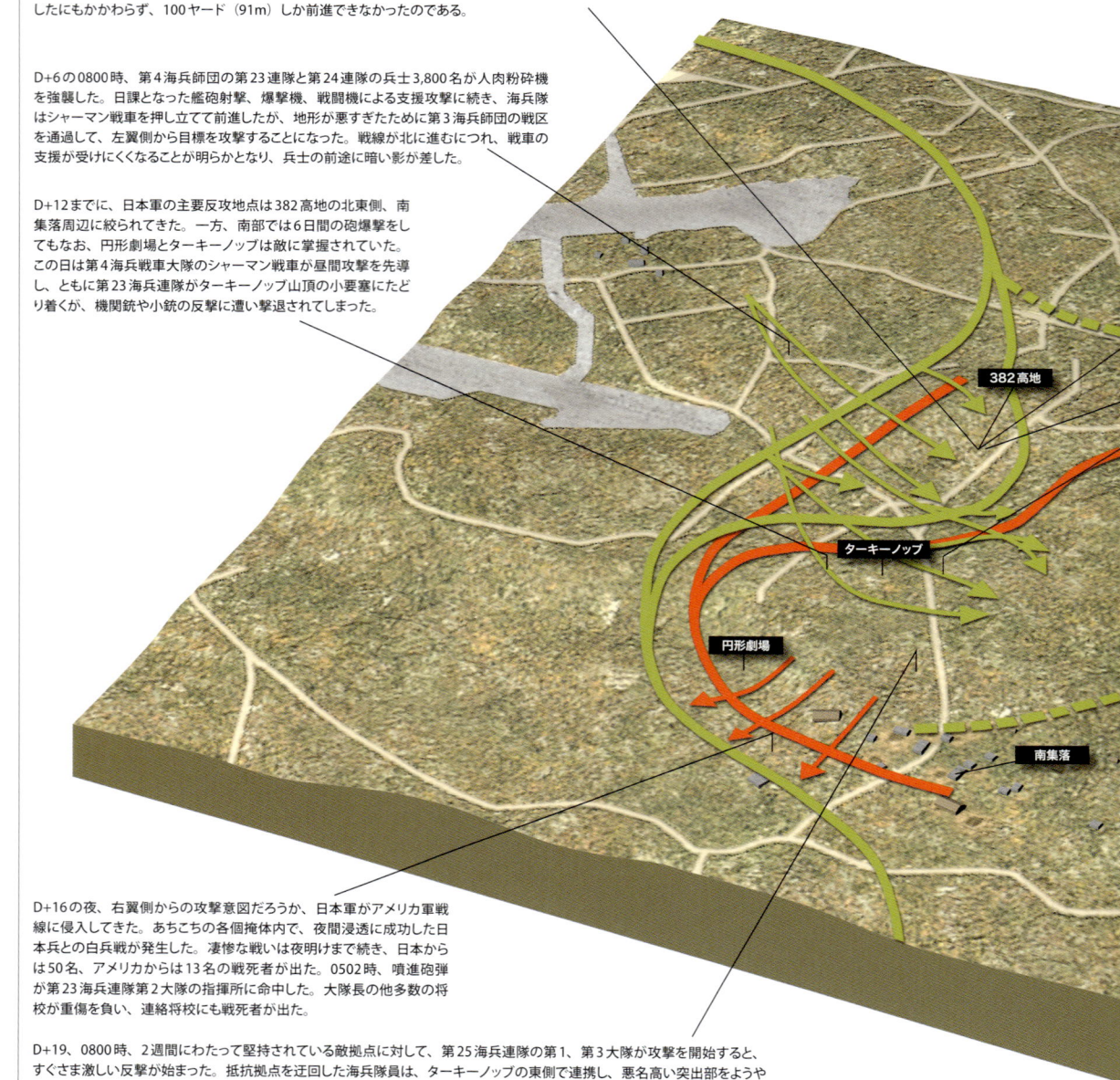

D+6の0800時、第4海兵師団の第23連隊と第24連隊の兵士3,800名が人肉粉砕機を強襲した。日課となった艦砲射撃、爆撃機、戦闘機による支援攻撃に続き、海兵隊はシャーマン戦車を押し立てて前進したが、地形が悪すぎたために第3海兵師団の戦区を通過して、左翼側から目標を攻撃することになった。戦線が北に進むにつれ、戦車の支援が受けにくくなることが明らかとなり、兵士の前途に暗い影が差した。

D+12までに、日本軍の主要反攻地点は382高地の北東側、南集落周辺に絞られてきた。一方、南部では6日間の砲爆撃をしてもなお、円形劇場とターキーノップは敵に掌握されていた。この日は第4海兵戦車大隊のシャーマン戦車が昼間攻撃を先導し、ともに第23海兵連隊がターキーノップ山頂の要塞にたどり着くが、機関銃や小銃の反撃に遭い撃退されてしまった。

D+16の夜、右翼側からの攻撃意図だろうか、日本軍がアメリカ軍戦線に侵入してきた。あちこちの各個掩体内で、夜間浸透に成功した日本兵との白兵戦が発生した。凄惨な戦いは夜明けまで続き、日本からは50名、アメリカからは13名の戦死者が出た。0502時、噴進砲弾が第23海兵連隊第2大隊の指揮所に命中した。大隊長の他多数の将校が重傷を負い、連絡将校にも戦死者が出た。

D+19、0800時、2週間にわたって堅持されている敵拠点に対して、第25海兵連隊の第1、第3大隊が攻撃を開始すると、すぐさま激しい反撃が始まった。抵抗拠点を迂回した海兵隊員は、ターキーノップの東側で連携し、悪名高い突出部をようやく制圧できた。人肉粉砕機での組織的な抵抗はここでようやく潰えたが、それでも苦しい戦いはさらに6日間も続くことになる。

人肉粉砕機の攻略にかかりきりになっていたこの期間、第4海兵師団は、382高地の向こう側にあるチャーリードッグ・リッジや、円形劇場、ターキーノップ、南集落、そして東海岸に至るまで、終始、真正面から強攻し、血みどろの戦いを繰り広げてきた。この間に約1000ヤード（914m）しか前進できなかった担当戦区の最右翼がちょうつがいのような役割を果たしたとすれば、師団の残りはドアが開くように北東部から東、そして南部へと大きく移動し、敵兵を海岸へと追い込んだと言えるだろう。

D+6 〜 D+19　人肉粉砕機への強襲

ハリー・シュミットの3個海兵師団は戦線を少しずつ北に向かって押し進めていった。このうち第4海兵師団は、第2飛行場の東側に点在する4カ所の堅牢な複合要塞──後に「人肉粉砕機」として恐れられる──への攻撃に割り当てられた。千田少将の混成第2旅団と西中佐（バロン西）の戦車第26連隊の基幹部隊は、382高地、ターキーノップ、円形劇場などの拠点を3月15日まで確保し続け、戦い全般の中でもっとも凄絶な風景を演出した。

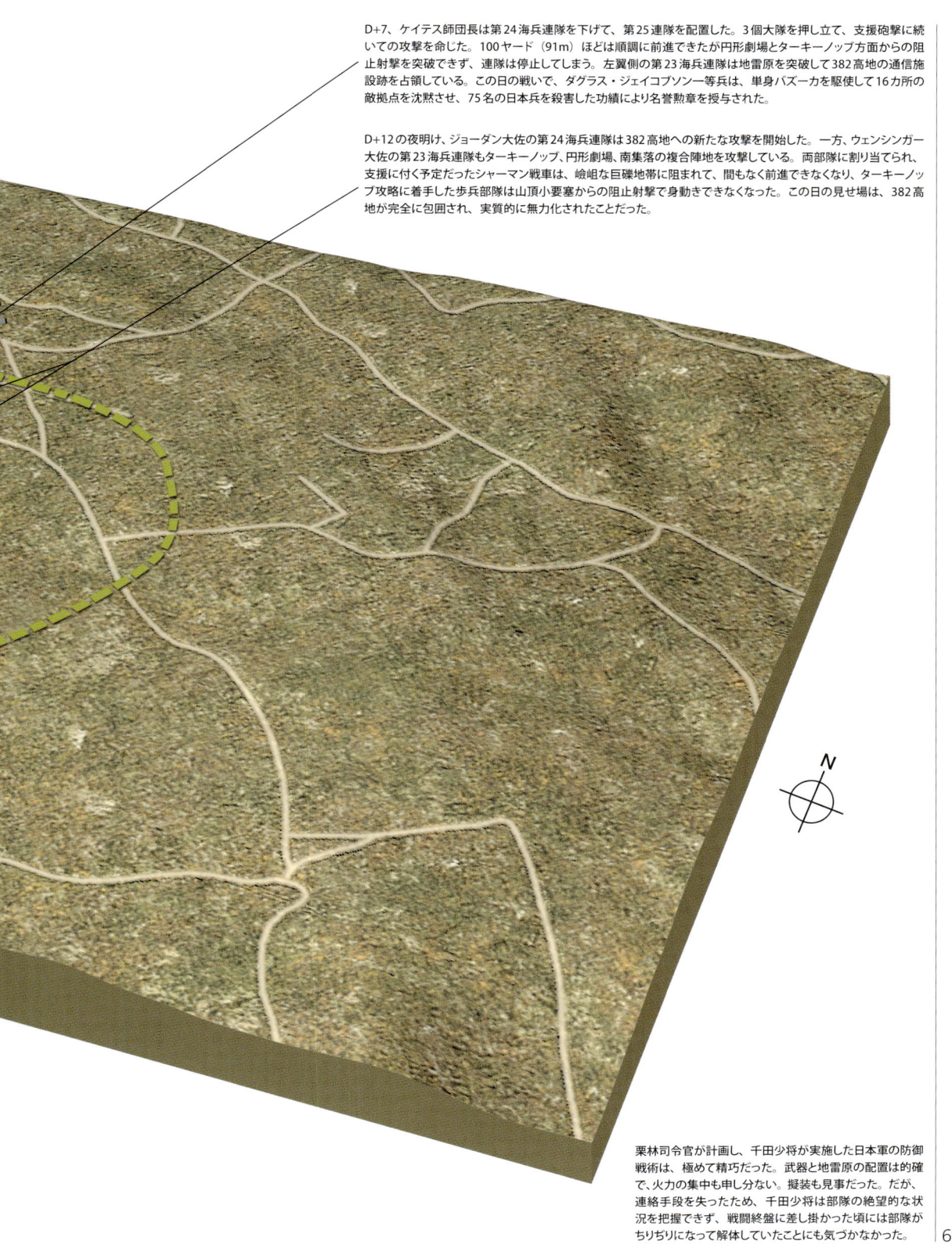

D+7、ケイテス師団長は第24海兵連隊を下げて、第25連隊を配置した。3個大隊を押し立て、支援砲撃に続いての攻撃を命じた。100ヤード（91m）ほどは順調に前進できたが円形劇場とターキーノップ方面からの阻止射撃を突破できず、連隊は停止してしまう。左翼側の第23海兵連隊は地雷原を突破して382高地の通信施設跡を占領している。この日の戦いで、ダグラス・ジェイコブソン一等兵は、単身バズーカを駆使して16カ所の敵拠点を沈黙させ、75名の日本兵を殺害した功績により名誉勲章を授与された。

D+12の夜明け、ジョーダン大佐の第24海兵連隊は382高地への新たな攻撃を開始した。一方、ウェンシンガー大佐の第23海兵連隊もターキーノップ、円形劇場、南集落の複合陣地を攻撃している。両部隊に割り当てられ、支援に付く予定だったシャーマン戦車は、嶮岨な巨礫地帯に阻まれて、間もなく前進できなくなり、ターキーノップ攻略に着手した歩兵部隊は山頂小要塞からの阻止射撃で身動きできなくなった。この日の見せ場は、382高地が完全に包囲され、実質的に無力化されたことだった。

栗林司令官が計画し、千田少将が実施した日本軍の防御戦術は、極めて精巧だった。武器と地雷原の配置は的確で、火力の集中も申し分ない。擬装も見事だった。だが、連絡手段を失ったため、千田少将は部隊の絶望的な状況を把握できず、戦闘終盤に差し掛かった頃には部隊がちりぢりになって解体していたことにも気づかなかった。

「ダイナ・マイト」号は硫黄島に緊急着陸した最初のB-29爆撃機だった。巨大な爆撃機は注目の的となり、海兵隊員や海軍建設大隊から、多くの野次馬が集まっている。（国立公文書館）

をすり抜けて忍び寄る、目に見えない日本兵との戦いの中で、前線の部隊全体に疲労が蔓延していた。日本兵の事情も逼迫していて、敵の命を奪うのではなく、食料や水の略奪が夜襲の目的になっていた。

それでも、戦況がアメリカ軍の優位に進んでいることは明白で、栗林中将は東京あての無電で、「戦局最後ノ関頭ニ直面セリ　敵来攻以来麾下将兵ノ敢闘ハ真ニ鬼神ヲ哭シムルモノアリ　特ニ想像ヲ越エタル物量的優勢ヲ以テスル陸海空ヨリノ攻撃ニ対シ宛然徒手空拳ヲ以テ克ク健闘ヲ続ケタルハ小職自ラ聊カ悦ヒトスル所ナリ」と記している [訳註24]。

戦車砲やロケット砲が円形劇場の東側を叩いていたにも関わらず、戦線中央の第3海兵師団は目に見える前進ができなかった。西海岸方面では、第5海兵師団の兵士たちが、暴露している敵拠点を火炎放射器や手榴弾で片端から潰していたが、それでも戦線全体ではわずかな前進しか遂げられていない。1700時には指揮所において、「明日は攻撃を実施しない……3月6日（D+15）の攻撃再開に備えて、各師団は明日を休息と、再編成、再装備にあてることになる」という声明が、ロッキー、アースカイン、ケイテスの3人の師団長から出された。これまで海兵隊が経験したことのない2週間にわたる血みどろの激戦で、兵士たちが何よりも休息を欲していることは明らかだった。

この日、海兵隊員たちは、自分たちが何のためにこの島で戦っているか、その理由を知ることになった。B-29スーパーフォートレス爆撃機「ダイナ・マイト」号が硫黄島に緊急着陸したのである。これは硫黄島に最初に着陸したB-29だった。ダイナ・マイト号は爆弾倉の扉が閉じなくなるという故障を抱え、燃料供給バルブも不調となり、東京上空からどうにかここまで飛行してきたのである。ダイナ・マイト号が第1飛行場の主要滑走路北端に着陸すると、日本軍はこれに向けてありとあらゆる方向から砲撃を浴びせてきたために、大急ぎで戦線から最も遠い摺鉢山の麓近くまで移動させられた。この島を勝ち取るために犠牲にされた海兵隊の流血と引き替えに、終戦の日まで、数千もの爆撃機搭乗員の命が救われることになる。

訳註24：これは3月17日、栗林司令官が大本営あてに発した、いわゆる決別の電文の冒頭引用である。「国の為重きつとめを果し得で　矢弾尽き果て散るぞ悲しき」の句で有名な電文だが、本誌記述とは時期が合わない。おそらく冒頭にある栗林司令官の心情を、この戦況に重ねたのだと考えられる。

■ D+14（3月5日）

　この日は部隊の「強化と補充、休息」にあてられることになっていた。しかし不幸なことに、日本軍はそんな事情などお構いなしに、砲弾を撃ち込んでくる。それでも戦車兵は愛車を整備した。弾薬や食料、水が前線に届けられ、熱いコーヒーやドーナッツが後方に設置された製パン所から支給された。2週間も続いた地獄の戦いで定員割れを起こしている部隊には補充兵が割り当てられた。

　攻略作戦が一時停止しているため、海軍お決まりの支援も休止となった。スプルアンス提督は旗艦インディアナポリスとともにグアムに帰還した。これには第3海兵師団第3連隊を積んだ輸送船も同行している。彼らは訓練を施された部隊で、補充兵としてシュミット少将がハワイから連れてきていたのだった。彼らが戦わずに去る一方で、新顔が現れた。海兵隊から硫黄島の守備を引き継ぐ陸軍部隊が上陸を開始したのである。また、飛行場にはP-51ムスタング戦闘機やブラックウィドー夜間戦闘機がところ狭しと並べられた。

■ D+15（3月6日）

　昨日の休養と再編成によって、この日の攻撃が劇的な戦果を導くと期待していた将官がいたならば、彼は大きく失望することになる。

　海軍と海兵隊砲兵は、67分間に2万2,500発という、これまでで最大規模の支援砲撃を実施した。戦艦、巡洋艦各1隻、駆逐艦3隻もこれに加わり、450発の36cm砲と20cm砲を撃ち込み、さらにドーントレス急降下爆撃機やコルセア戦闘機などの艦上機も機銃掃射、爆撃、ナパーム攻撃で炎の饗宴に彩りを添えた。

　0800時から0900時の間に、第4、第5海兵師団が前進を開始したが、いつものように激しい抵抗に直面した。西海岸に配置された第21、第27連

戦場が北に移るにつれ、地形はますます嶮岨になった。巨礫が埋めつくす悪路で身動きできなくなり遺棄された日本軍車両を検分する海兵隊員たち。（国立公文書館）

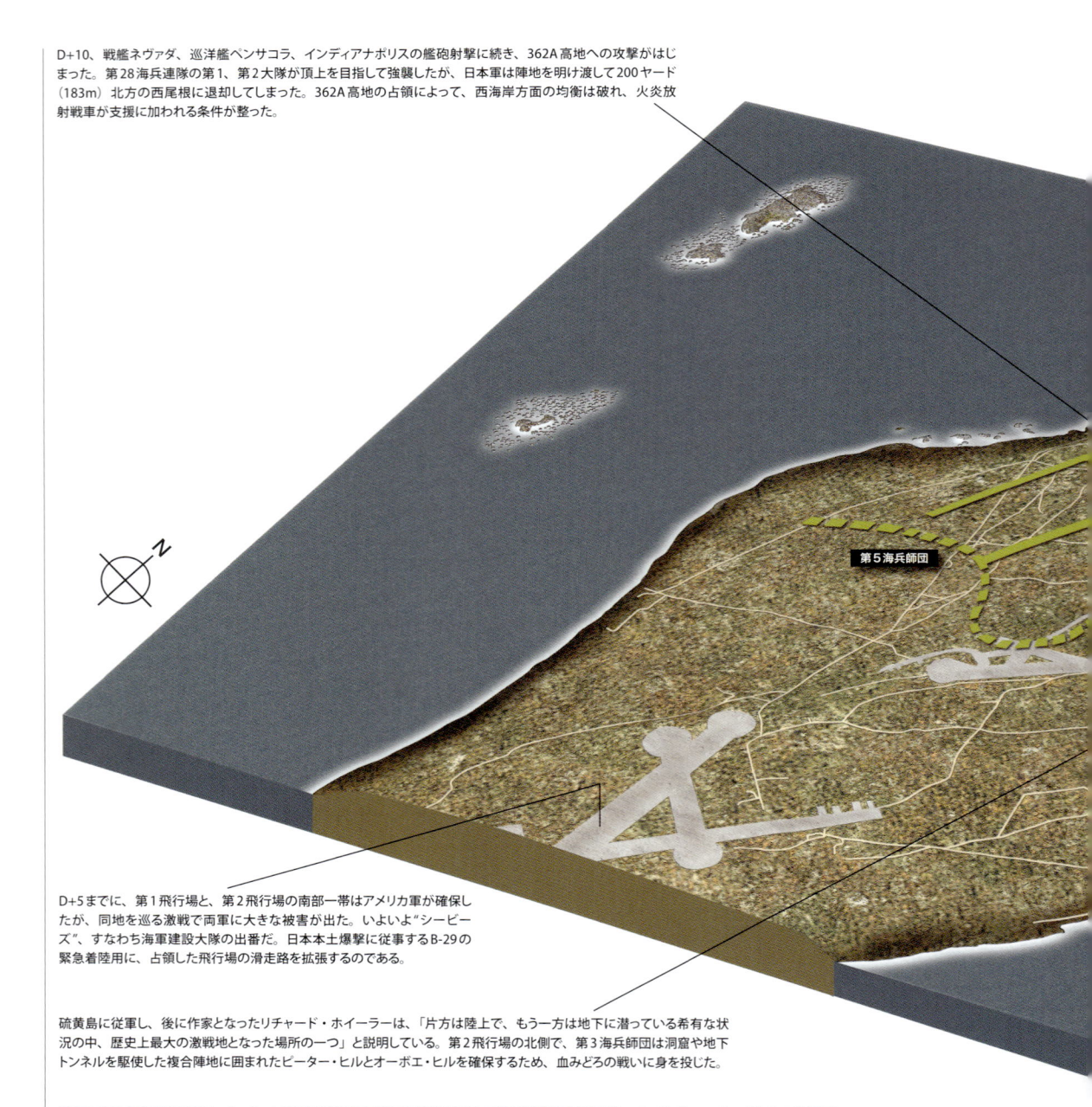

D+10、戦艦ネヴァダ、巡洋艦ペンサコラ、インディアナポリスの艦砲射撃に続き、362A高地への攻撃がはじまった。第28海兵連隊の第1、第2大隊が頂上を目指して強襲したが、日本軍は陣地を明け渡して200ヤード（183m）北方の西尾根に退却してしまった。362A高地の占領によって、西海岸方面の均衡は破れ、火炎放射戦車が支援に加わる条件が整った。

D+5までに、第1飛行場と、第2飛行場の南部一帯はアメリカ軍が確保したが、同地を巡る激戦で両軍に大きな被害が出た。いよいよ"シービーズ"、すなわち海軍建設大隊の出番だ。日本本土爆撃に従事するB-29の緊急着陸用に、占領した飛行場の滑走路を拡張するのである。

硫黄島に従軍し、後に作家となったリチャード・ホイーラーは、「片方は陸上で、もう一方は地下に潜っている希有な状況の中、歴史上最大の激戦地となった場所の一つ」と説明している。第2飛行場の北側で、第3海兵師団は洞窟や地下トンネルを駆使した複合陣地に囲まれたピーター・ヒルとオーボエ・ヒルを確保するため、血みどろの戦いに身を投じた。

島の北部を目指す攻撃では、シュミット少将は3個師団の戦車部隊を統合して海兵戦車集団を編成し、ウィリアム・コリンズ中佐の指揮下に一本化した。これにより、戦車部隊は連隊規模となったが、これはシャーマン戦車装備としては太平洋戦域で編成された最大規模の部隊である。

D+5 〜 D+16 北部での作戦展開

硫黄島の大半を視野に入れられる作戦的要地、摺鉢山を確保した第5水陸両用軍団長ハリー・シュミット少将は、麾下の3個海兵師団——西側の第5海兵師団、中央の第3海兵師団、東側の第4海兵師団——による平押しで、島から日本軍を駆逐しようと考えた。彼らは間もなく栗林将軍が手ぐすね引いて待ちかまえていた日本軍の主要陣地帯に直面し、小部隊単位の凄惨な殲滅戦に巻き込まれてしまう。

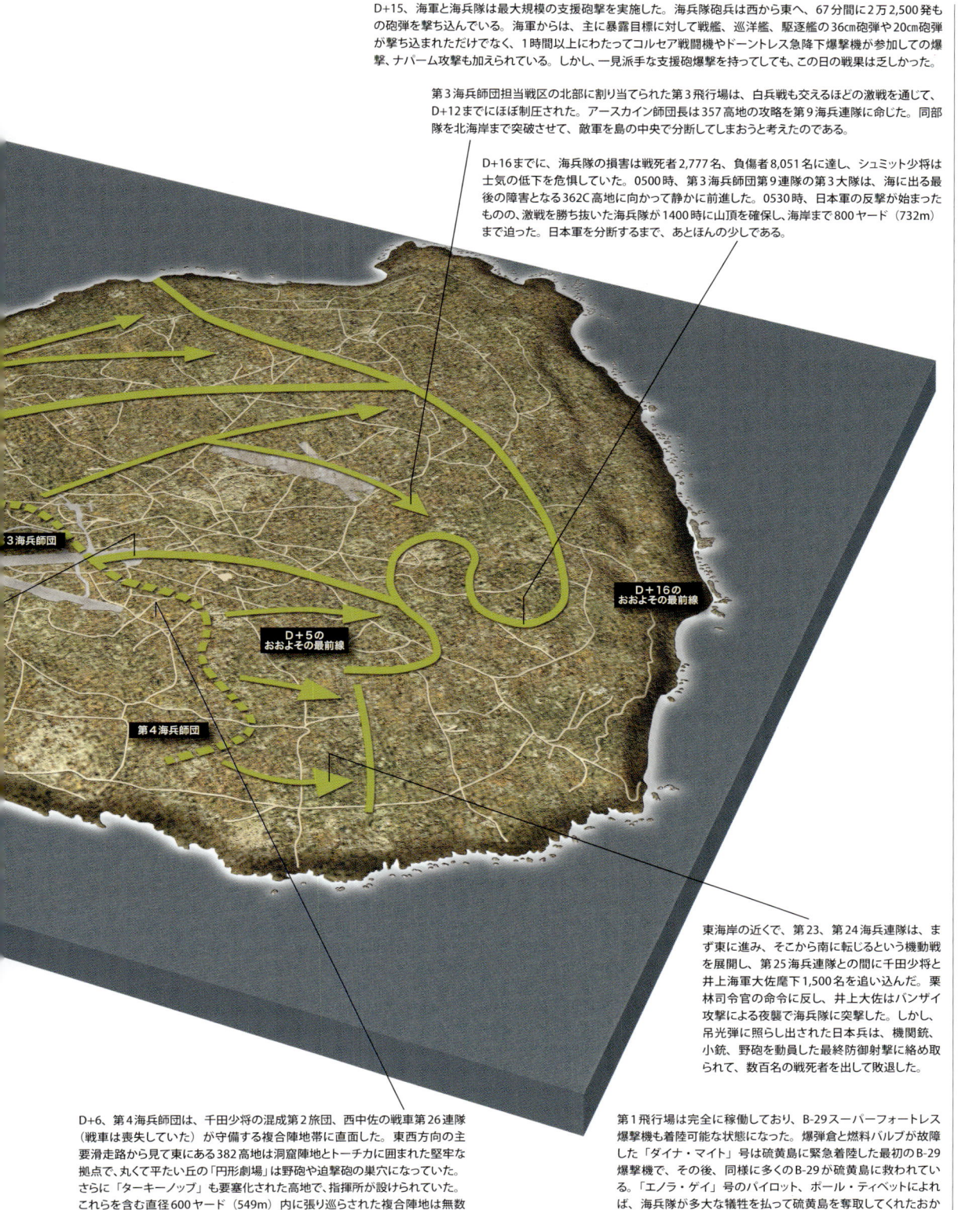

D+15、海軍と海兵隊は最大規模の支援砲撃を実施した。海兵隊砲兵は西から東へ、67分間に2万2,500発もの砲弾を撃ち込んでいる。海軍からは、主に暴露目標に対して戦艦、巡洋艦、駆逐艦の36㎝砲弾や20㎝砲弾が撃ち込まれただけでなく、1時間以上にわたってコルセア戦闘機やドーントレス急降下爆撃機が参加しての爆撃、ナパーム攻撃も加えられている。しかし、一見派手な支援砲爆撃を持ってしても、この日の戦果は乏しかった。

第3海兵師団担当戦区の北部に割り当てられた第3飛行場は、白兵戦も交えるほどの激戦を通じて、D+12までにほぼ制圧された。アースカイン師団長は357高地の攻略を第9海兵連隊に命じた。同部隊を北海岸まで突破させて、敵軍を島の中央で分断してしまおうと考えたのである。

D+16までに、海兵隊の損害は戦死者2,777名、負傷者8,051名に達し、シュミット少将は士気の低下を危惧していた。0500時、第3海兵師団第9連隊の第3大隊は、海に出る最後の障害となる362C高地に向かって静かに前進した。0530時、日本軍の反撃が始まったものの、激戦を勝ち抜いた海兵隊が1400時に山頂を確保し、海岸まで800ヤード（732m）まで迫った。日本軍を分断するまで、あとほんの少しである。

第3海兵師団

第4海兵師団

D+5の
おおよその最前線

D+16の
おおよその最前線

D+6、第4海兵師団は、千田少将の混成第2旅団、西中佐の戦車第26連隊（戦車は喪失していた）が守備する複合陣地帯に直面した。東西方向の主要滑走路から見て東にある382高地は洞窟陣地とトーチカに囲まれた堅牢な拠点で、丸くて平たい丘の「円形劇場」は野砲や迫撃砲の巣穴になっていた。さらに「ターキーノップ」も要塞化された高地で、指揮所が設けられていた。これらを含む直径600ヤード（549m）内に張り巡らされた複合陣地は無数の海兵隊員の命を奪ったため、「人肉粉砕機」と呼ばれ、恐れられた。

東海岸の近くで、第23、第24海兵連隊は、まず東に進み、そこから南に転じるという機動戦を展開し、第25海兵連隊との間に千田少将と井上海軍大佐麾下1,500名を追い込んだ。栗林司令官の命令に反し、井上大佐はバンザイ攻撃による夜襲で海兵隊に突撃した。しかし、吊光弾に照らし出された日本兵は、機関銃、小銃、野砲を動員した最終防御射撃に絡め取られて、数百名の戦死者を出して敗退した。

第1飛行場は完全に稼働しており、B-29スーパーフォートレス爆撃機も着陸可能な状態になった。爆弾倉と燃料バルブが故障した「ダイナ・マイト」号は硫黄島に緊急着陸した最初のB-29爆撃機で、その後、同様に多くのB-29が硫黄島に救われている。「エノラ・ゲイ」号のパイロット、ポール・ティベットによれば、海兵隊が多大な犠牲を払って硫黄島を奪取してくれたおかげで、爆撃機乗り約2万2,000名の命が救われたという。

65

隊は、ほんの数ヤードを進もうとする間にも機関銃や迫撃砲の攻撃で射すくめられてしまう有様で、火炎放射戦車の支援も効果がなかった。海兵隊員デイル・ウォーレイは、「362高地を地図から消し去ってしまう勢いで攻撃した。死体が至る所に散らばり、あちこちに血溜まりができていた。おまけに酷い悪臭に満ちていた」と書き残している。

戦線中央の第3海兵師団はわずかしか前進していない。第21海兵連隊のマルベイ中尉が率いる一群は激戦を戦い抜いて、別の尾根筋の頂上にたどり着いたが、そこからは彼らが追い求めていた目標――海が見えた。海までの距離は目測で約4分の1マイルしかない。中尉は増援を要求した。これに応じて1ダースの兵士が派遣されたが、中尉の居場所にたどり着くまでに6名が戦死し、2名が負傷してしまった。結局、敵からの猛反撃に耐えかね、マルベイ中尉も撤退を強いられた。島の東部ではやや状況はましで、4両の火炎放射戦車に支援された第24海兵連隊第3大隊が350ヤード（320m）ほど前進している。

■D+16（3月7日）

アースカイン師団長は夜襲作戦の実施を考えていた。第1次世界大戦に従軍した経験から、彼は数多くの夜襲を目の当たりにしており、またアメリカ軍は日中しか攻撃してこないという観念が日本軍に蔓延していることをつかんでいたため、なおさら夜襲の効果に期待をかけたのである。日本軍の戦線に250ヤード（229m）ほど夜間浸透し、362C高地を奪取するのが狙いだった。ここは第3海兵師団と海との間に立ちはだかる、最後の主要障害だったのだ。

0500時、第9海兵連隊麾下、ハロルド・ボーヘム中佐の第3大隊が前進を開始した。幸運は30分ほど続いたが、やがて敵に気付かれ、左翼側から機関銃の攻撃を受けた。ボーヘム中佐は大隊に山頂への突撃を命じ、アースカイン師団長に無線で「やりました。奴らは思っていたとおり、寝こけていましたよ」と報告したが、成功に酔っているのもつかの間、地図を確認すると、現在地は攻撃目標だった362Cではなく、331高地だったことがわかった。暗闇と激しい雨の中で、似たような丘の区別が付かなかったのである。支援砲撃を要請すると、ボーヘム中佐は四方八方から浴びせられる激しい銃撃をものともせずに前進を再開し、1400時には今度こそ本当に362C高地を奪取した。

一方、同じタイミングで、第3大隊の右翼側で前進を始めた第1、第2大隊は、すぐに激しい抵抗に直面した。悪いことに、これに迂回して後方に残してきた敵拠点からの攻撃も加わった。クッシュマン中佐の第2大隊は、西中佐の戦車第26連隊残余との遭遇戦に巻き込まれ、まもなく大隊が包囲されたことを悟った。戦車の支援を翌日まで待っていたのでは、第2大隊の生き残りを救うことはできない。この戦区での凄惨な戦いはさらに6日間も続き、やがてこの地は「クッシュマンズ・ポケット」と呼ばれるようになる。

第5海兵師団の戦区では、西集落北方の尾根に前進していた第26海兵連隊が、抵抗らしい抵抗も受けないことに、むしろとまどっていた。彼らはおそるおそる山頂に向かって足を進めた。いつもなら、どこからか激しい阻止射撃が始まるはずだ。ところが、射撃音の代わりに周囲何マイルにも

激しい艦砲射撃で生じた砲煙の向こうに摺鉢山が霞んでいる。海岸では上陸用舟艇が出入りしながら、兵士を上陸させ、代わりに負傷兵を運び出している。負傷兵は沖合に停泊している病院船に収容された。（国立公文書館）

響き渡るような大音響と共に、尾根筋そのものが消滅したのである。日本軍は海兵隊員43名を道連れに、地下の指揮所を爆破したのだ。

　第4師団戦区では、第23、第24の2個海兵連隊が、最初に東、次に南に転じて日本軍戦線を切り裂き、そこで防備を固めて待ち受ける第25連隊と手を繋ぐという機動作戦を成功させた。罠に落ちたことを知った千田少将と井上左馬二海軍大佐は、将兵1,500名を率いて「バンザイ攻撃」を敢行した。これは栗林司令官に強く戒められていたはずの行動である。午前零時を廻った深夜、手榴弾や小銃、軍刀、竹槍などで武装した日本軍の決死隊は、南の敵陣をすり抜け、摺鉢山の頂に日章旗を掲げようと試みたのである。しかし、駆逐艦から打ち上げられる吊光弾の明かりで攻撃意図が早々に暴露してしまったため、決死隊は榴弾砲と機関銃を組み合わせた防御射撃により粉砕されてしまった。明け方になると、辺り一面が日本兵の死体で埋め尽くされていた。

　井上大佐の「バンザイ攻撃」の真相について、数年の後、この戦いに生き残って捕虜になった2人の当番兵の口から明らかになった。それによれば、井上という人物は、兵士に常ならぬ力を発揮させる能力を持つ優れた指揮官であると信じ込まれていて、彼の戦闘指導を行き過ぎと考える者はほとんどいなかったらしい。摺鉢山に掲げられた星条旗を目にする度に、井上大佐の心には怒りがわき上がってきた。「あの旗を引きずり下ろし、天皇陛下と臣民の名において我々の旗を掲げ直さねばならん」と、彼はいつも口にしていた。

　井上大佐は、もっぱら沿岸砲を操作して、アメリカの艦船や上陸用舟艇を痛打していた海軍硫黄島警備隊を指揮していて、気まぐれと大言壮語で知られる、前線タイプの指揮官だった。彼の攻撃計画は荒唐無稽である。飛行場周辺の防備についているのは取るに足らない後方部隊であると、彼は自信満々に請け合った。行きがけの駄賃にB-29を撃破しながら、彼は部隊を南に向かわせるつもりでいた。摺鉢山を奪取して星条旗を引きずり下ろし、日本軍守備隊の士気を鼓舞するために、日章旗を掲げるつもりでい

D+19　アメリカ軍の前線

たのである。
　栗林中将は、無線で突撃許可をもとめてきた千田少将に対して、無意味な愚行であると明言し、思いとどまるように説得した。しかし、状況について打ち合わせた千田と井上は、いずれにせよ突撃を実施することで合意した。夜になると、第23、第24海兵連隊では、日本軍陣地の動きが活発になりはじめていることに気づいた。最初は声だけだったが、2時間もすると榴弾砲が激しく撃ち込まれるようになり、その間に日本軍の大部隊が浸透を試みたのである。士官とおぼしき何人かは軍刀を振りかざしている。集団の大半は小銃と手榴弾で武装し、わずかな機関銃手を含んでいる。それだけではなく、まともな火器を持たない水兵は竹槍を構えており、背中に爆薬をくくりつけて自爆する覚悟の兵士もいた。続く混乱の中、アメリカ軍は昼かと見間違うほどの吊光弾を撃ち上げ、突撃してくる敵に向かって機関銃、ライフル、60㎜迫撃砲など、ありったけの火器を投入した最終防御射撃で応戦した。海兵隊のヘルメットをかぶっていたり、「衛生兵!」と英語で叫ぶ日本兵までいる中、白兵戦や、手榴弾での応戦が夜を徹して繰り広げられた。朝になると、殺戮の凄まじさが明らかになった。日本兵の戦死者は800名を数えたが、これはおそらく日本軍が1日の戦闘で被った最大の損害だったと考えられる。一方、海兵隊の損害は、戦死者90名、負傷者257名だった。攻撃を認可しなかった栗林司令官の判断が正しかったのは、この結果から明白だろう。

■D+17（3月8日）
　海兵隊にまた2つの名誉勲章が授与された。19歳のジェイムズ・ラベル上等兵は手榴弾に自ら身を投げて、命と引き換えに2人の仲間の命を救った。また、硫黄島最北端の北ノ鼻を目指す戦いの最中、ジャック・ラマス中尉は2カ所の敵掩蔽壕を沈黙させると、休む間もなく自軍陣地に駆け戻り、前進するよう部下たちを叱咤していた。この時、中尉は地雷原に踏み込んでしまい、両足を吹き飛ばされてしまう。爆発が収まった後、血溜まりの中で上体を起こしている彼の姿を見て、部下たちはただ驚くしかなかった。結局、救護所に送られたラマス中尉は、午後に出血多量とショックで死亡している。
　この日、戦局そのものは大きく動いてはいない。クッシュマンズ・ポケットは相変わらず第3海兵師団の前進を扼し、第4海兵師団はターキーノッブと円形劇場の前で足踏みしていたのである。

■D+18（3月9日）
　この日、ポール・コナリー中尉が率いる28名の偵察隊が、ついに東海岸に到達した。喜びに沸いた兵士たちは、汚れた顔を冷たい海水で洗い始めたが、そんな彼らを迫撃砲弾が狙い撃って来たため、慌てて後方の安全な崖に身を寄せる羽目になった。コナリー中尉は海水を水筒に入れて、上官のウィッタース大佐に送り届けた。意図を察した大佐は、「飲用ではなく、観賞用です」との添え書きと共に、アースカイン師団長に水筒に転送している。
　同日夜、第4、第5海兵師団の兵士たちは実り少ない1日に疲れ果て、寝床に身を横たえている中、硫黄島から飛び立った数百機もの戦闘機が東の

衛生下士官と担架兵が上陸用舟艇に負傷兵を運び込むところ。ここから負傷兵は沖合のLVTか病院船に移送される。（国立公文書館）

戦闘が島の北部に限定されるようになると、師団墓地が設置された。第5海兵師団の墓地は他の師団に挟まれ、その左には第4師団、右には第3師団の墓地が設けられた。遠くに摺鉢山が見える。

空にエンジン音を響かせていった。彼らはサイパン、グアム、テニアンの各基地から出撃した合計300機に及ぶB-29の護衛任務についたのである。この大規模な爆撃は、カーティス・ルメイ将軍が企画立案した最初の夜間低空爆撃だった。工場や軍事施設だけを狙った高々度昼間精密爆撃は廃止され、かわりに民家や市街地に対する延焼効果を期待した絨毯爆撃へと、爆撃戦略が大きく変更されたのである。この爆撃戦略は1941年からイギリス軍がドイツに対して実施しており、効果のほどを証明していた。この東京大空襲によって東京の4分の1が焼け野原となり、83,793名の日本国民が命を落とした。ルメイ将軍は、日本本土を焼き尽くす任務の第一歩を踏み出したのである。

■D+19（3月10日）

　3月10日、両軍とも戦いが大詰めに差し掛かっていることに気づいていた。クッシュマンズ・ポケットへの締め付けはいまだに続き、ターキーノブを中心に人肉粉砕機も機能していたが、損害がかさんだのだろう。日本軍の抵抗は目に見えて弱体化し、弾薬、食料、水の欠乏が戦闘力の物理的低下を招いていた。栗林司令官は島の一角に押し込められていたが、奇しくも、ある海兵隊員はこの一体を「死の谷」と命名している。北ノ鼻の南方500ヤード（457m）付近は、一面が谷間や地割れ、小渓谷に埋め尽くされ、1,500名の守備隊が決死の覚悟で立て籠もっていたのである。

戦車第26連隊長で、二枚目の伊達男、西竹一中佐（バロン西）は、日本軍において半ば伝説化した人物である。彼は裕福な華族の家系で成長し、1932年にはロサンゼルス・オリンピックの乗馬競技に出場して金メダルを獲得している。D+20の前後、クッシュマンズ・ポケットの周辺で中佐の部隊は地下陣地に拠りながら、第3海兵師団の猛攻をよく凌いでいた。中佐は負傷で視力を失ったが、ポケットがアメリカ軍に完全に掌握される瞬間まで、部隊は頑強に抵抗していた。西中佐は攻撃の先頭に立って戦死したとも、あるいは切腹して自害したとも伝えられているが、最期の様子が明かされることはないだろう。

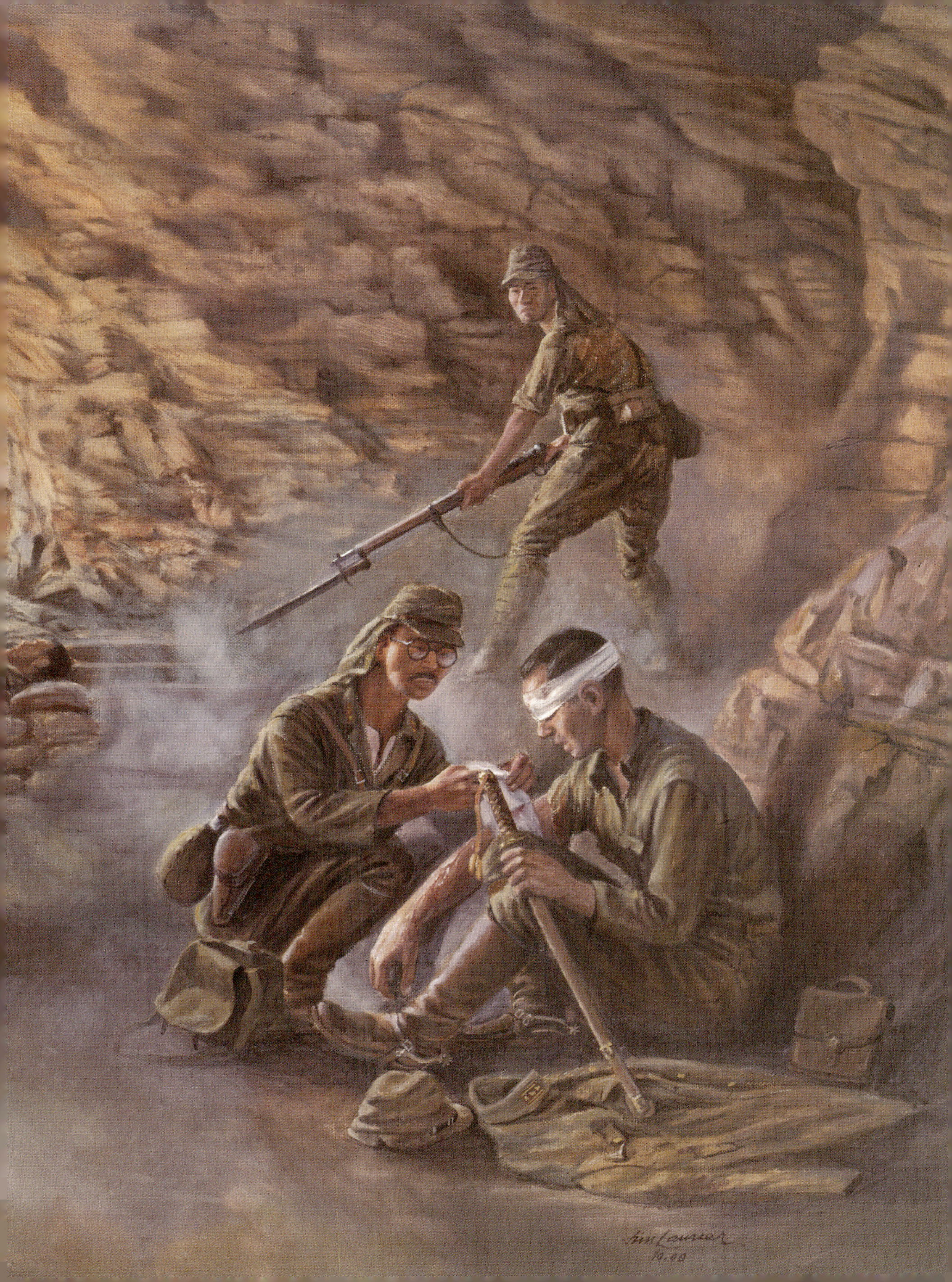

D+20 〜 D+36／父島ノ皆サン　サヨウナラ

　現時点で、日本軍は3つ地域にはっきりと分断されていた。それはクッシュマンズ・ポケット、東集落と東海岸の中間地帯、そして栗林司令官と残余部隊が集結している北東部の「死の谷」である。死ぬ覚悟が出来ている日本兵を相手に、どちらかが倒れるまで死闘が続くという状況の中で、いわゆる常識的な戦闘行為は忘れ去られていた。戦車はブルドーザーが道を開鑿した地域でしか作戦行動ができなかった。おまけに前線が入り乱れていたために、砲撃が大幅に制限され、砲兵の時間はもっぱら整備に費やされるようになった。海軍の主要艦船はグアムに引き上げ、爆弾やロケット砲、ナパームで地上支援にあたっていたP-51ムスタングも別戦域に転用された。

　世論をなだめるために、陸軍省が犠牲者数を発表するという皮肉な事態が生じている中、3月14日には硫黄島の「完全占領」宣言がされた。式典は摺鉢山の麓で行なわれたが、シュミット将軍の副官が声明文を読み上げている間も、島の北部から激しい砲撃音が響いていたために、彼の言葉はほとんど聞き取れなかった。この状況が、硫黄島の戦いについて全てを物語っているだろう。

　戦場に目を移そう。第5海兵師団は装備と編成を整えた後、師団司令部がある死の谷に向けて最後の突撃を準備していた（海兵隊が作製した地図には、単に「渓谷」と記されているだけだった）。第3海兵師団はクッシュマンズ・ポケットにかかり切りになっていたが、西中佐が率いる守備隊の抵抗力は徐々に衰えていた。それでも、負傷で失明しかかっていた西中佐は、ポケットの包囲線が破られる最後の瞬間まで、地中に埋設した戦車の主砲を撃ちまくりながら、複合陣地で頑強に抵抗していた。彼の遺体は

最後の戦闘がどのような場所で行なわれたかがよく分かる1枚。あらゆる岩陰に狙撃兵が潜んでいた。戦車を投入することは望めず、そのために歩兵同士の血なまぐさい白兵戦が頻発した。（USMC）

硫黄島の戦いでは、捕虜は珍しかった。滅多に見ることができない日本軍捕虜に興味津々な海兵隊員の様子。（国立公文書館）

訳註25：千田少将は3月7日、混成第2旅団による玉砕攻撃で戦死したと考えられている。一方で、栗林司令官の説得を受けて中止を決断したものの、中止命令が行き渡らず、少将は400名ほどの残存兵力を率いて、師団司令部と合流するために、東海岸を戦いながら北上し、途中で全滅したという説もある。

発見されず、部隊の主だった者は全員戦死したため、西中佐がどのような最期を遂げたかは不明である。

　D+16の時点では、狂気的な「バンザイ攻撃」で果てる誘惑に抗しきれなかった千田少将は、まだ東集落の東部一帯を確保していた［訳註25］。捕虜の証言では、この地域に籠もる日本兵の数は300名ほどで、犠牲者の数を少なくするためにも、アースカイン師団長はこの地域一帯にスピーカーを設置して、これ以上の抵抗が無意味である旨の放送を続けさせた。しかし奏功せず、この努力はむなしく終わった。結局、守備隊が完全に沈黙するまで、さらに4日間も殺戮が続いたのである。千田少将の遺体は発見されなかった。

　主要攻略目標も死の谷を残すのみとなり、シュミットは戦いが終わりかけていると感じていた。ここでもシュミットは栗林という男を見誤っていた。結局、戦いはさらに10日間も続き、新たに1,724名もの犠牲者を産むことになる。死の谷は、長さが約700ヤード（640m）、対辺がそれぞれ300ヤード（274m）と500ヤード（457m）の広さで、その範囲を10を越える小谷が埋め尽くしている。ここに張り巡らされた立体縦深陣地で、栗林司令官は最後まで抵抗しようと決めていたのである。

　リバーセッジ大佐の第28海兵連隊は海岸沿いに前進し、死の谷一帯を見下ろす高地を確保した。一方、残りの部隊は中央と東側から攻撃をかけた。そして一週間に及ぶ消耗戦によって、海兵隊は日本軍を徹底的に締め

上げ、3月24日までに、日本兵は50ヤード（46m）四方の土地に押し詰められてしまったのである。洞窟や岩の割れ目を掃討するために、火炎放射戦車は連日1万ガロンもの燃料を炎に変えて注ぎ込んでいた。この間、第2大隊は戦闘部隊として前線に踏みとどまっていたために、多くの犠牲者を出し、第1大隊も9日間で大隊長が3人交替している。1人目は頭を撃ち抜かれ、2人目は地雷で負傷し、3人目は機関銃で左足を吹き飛ばされてしまったのだ。

　ここで再び、アースカイン師団長は日本軍に降伏を促すため、捕虜に日本語が話せる日系二世の兵士を同行させて、守備隊に接触を求めた。栗林中将は、父島に赴任していた堀江少佐に対し、無線で「敵は拡声器を使って、降伏を勧めているが、わが将兵はこれを嘲笑している」と送り、3月17日、堀江少佐は再び栗林司令官と連絡を取り、彼が大将に昇進する旨を告げた。そして3月23日夕方、硫黄島から最後の電文が届いた。それは「父島ノ皆サン　サヨウナラ」と結んでいた。

　3月26日、夜明け前の闇の中で、悲劇の最終章が幕を開けようとしていた。死の谷と西海岸に点在していた守備兵が集結し、200から300名の集団となって第5海兵師団の戦区にある小渓谷を、音を立てずに匍匐していた。目標は、第2飛行場と海の間に設置された宿営地である。ここを守備しているのは、海軍設営大隊や航空部隊の地上勤務員、荷役、対空砲手などの混成部隊である。一部で戦闘は続いているものの、全島占領宣言もあっての安心感から、彼らのほとんどは眠っていたのだ。3つの攻勢軸からなる日本軍の突撃は奇襲となった。テントは破壊され、兵士は眠ったまま刺し殺された。手榴弾が飛び交い、拳銃、ライフル銃が発砲される度に、不運な兵士は命を落とした。騒動はすぐに周辺部隊の気づくところとなった。工兵大隊の近くに布陣していた海兵隊や、荷役に従事していた黒人部隊、そして第147歩兵連隊が駆けつけ、白兵戦混じりの激戦があちこちで始まった。夜が明けると、宿営地の惨状が明らかになった。アメリカの損害は、航空部隊地上要員44名と海兵隊員9名が戦死、負傷者は119名。日本側は262名が戦死して、捕虜はたったの18名だった。第5工兵大隊のハリー・マーティン中尉は、日本軍の奇襲に気づくとすぐさま戦場に駆けつけて守備につき、戦死するまでに単独で4人の敵機関銃手を殺害している。この武勲により、彼は硫黄島の戦いにおける最後の名誉勲章受章者となった。この島の戦いで授与された名誉勲章は27個である。

　栗林司令官の最期の状況は、今もなお不明である。長年にわたり、死の谷周辺で戦死したとする説や、司令部内で自決した説など、様々な新説が提示されてきた。ところで、将軍の子息である栗林太郎氏から、筆者の元に次のような手紙が届いたが、おそらく将軍の最期を的確にとらえているのではないかと思う。それは

　「3月25日の日没から26日の夜明けにかけて、日本軍将兵の生き残りは、アメリカ軍の総攻撃と弾丸の雨に対して、戦意を失ってはいなかった。そのような状況下で、将軍は左手に軍刀を握りしめ、常に付き従っていた高石正大佐に"狙撃兵を送れ"と命令している（大山軍曹がこれを耳にしている）。大山軍曹は最後の突撃で重傷を負い、昏睡状態でアメリカ軍の捕虜となった。以上のことは、戦後、内地に帰還した軍曹の口から伺っている。私の父は、死んだ後でその遺体が敵に発見されることを恥だと考えていた

硫黄島の北部戦線で発見された日本兵の遺体は、トラクターで無造作に集められ、砲弾孔や地下洞窟を使って埋葬された。（USMC）

死の谷にある栗林将軍の指揮所跡に立つ記念碑。
（栗林太郎氏寄贈）

ため、ショベルを携えた2人の兵士を常に自分の前後に置いていた。自分が戦死したら、その遺体を埋めるように託していたという内容だった。おそらくは、父も従兵も銃弾に倒れ、父の遺体は大阪山の側の海岸に沿った千鳥集落にある木の根元にでも埋葬されたのではないかと思う。後日、スミス将軍は父の遺体を捜索し、発見できた場合は、それを埋葬しようと考えてくださったらしいが、結局、遺体は見つからなかった」

という内容の手紙だった。

疑いもなく、栗林司令官は今次大戦における日本の最良の将軍であり、ホランド・スミス少将も「最高に侮りがたい敵だった」証言している。

戦いの余波
Aftermath

　デタッチメント作戦は、時間的な制約の中で立案、実施された。硫黄島は、日本本土の爆撃を任務とする第20航空軍にとって大きな脅威となっていた。後になって統計的にはじき出された数字からも、島の占領が不可欠なことは明白である。それは作戦開始以降、終戦までの間に、延べ2,251機のB-29爆撃機がこの島に緊急着陸をしたという事実である。もしこの島が無かったら、2万4,761名の搭乗員が、日本とマリアナ諸島の間に広がる1,300マイルもの海域のどこかに不時着水を強いられ、多数の搭乗員が失われていたに違いない。

　エノラ・ゲイ号で広島に原子爆弾を投下したポール・ティベット将軍（当時大佐）は「1945年3月4日に最初のB-29が硫黄島に緊急着陸したが、その時から終戦までの間に、2,200機以上の飛行機が同様に硫黄島に助けられている。機内にいた負傷者の多くは、マリアナの基地までは持たなかっ

B-29スーパーフォートレス爆撃機「エノラ・ゲイ」号と、操縦士のポール・ティベット大佐（当時）。機の名前は大佐の母親からとられた。広島と長崎に投下した原子爆弾が戦争終結を決定づけた。しかし、少なからぬ海兵隊員が、自らの命を捧げて戦った結果、この様な爆弾を投下する道筋を作ってしまったという事実に胸を痛めていた。（ポール・ティベット氏寄贈）

たかも知れない。海兵隊が英雄的な敢闘精神で島をもぎ取り、海軍設営大隊が滑走路を作ってくれたおかげで、2万2,000名以上の搭乗員が海に墜落しないで済んだのだ」と、インタビューで答えている。

　フィリピンを占領し、4月には沖縄侵攻作戦が始まったことで、戦争は終結に向けて大きく加速する。第20航空軍は本土空襲をますます強化し、広島と長崎への原爆投下が終戦を導いた。この間に、海兵隊がおびただしい流血と引き替えにもぎ取った硫黄島は、極めて大きな役割を果たしている。

　戦争終結以来、多くの修正主義者が、原爆投下は無防備な市民に対するテロリズムだったと非難している。では、その代案はいかなるものになっただろうか。例えば「ダウンフォール作戦」は、すでに合衆国政府も実施を認可していた、海兵隊と陸軍による日本本土上陸作戦である。だが、この作戦に、軍関係者は不吉な予感を隠せずにいた。天皇と神聖な国土に対する、日本人一般の狂信的な忠誠心は、すでにサイパンや硫黄島、沖縄の戦いを経て、アメリカ兵には骨身にしみている。海岸で、町で、村で、あらゆる場所で日本人は軍民一体となり、死ぬまで抵抗を続けるだろう。

　日本にはまだ陸軍235万、郷土防衛隊25万、航空機7,000機が健在で、400万の市民が軍需生産に携わっていた。それだけではなく、いざとなれば老若男女問わず、2300万の国民が決死隊となる覚悟をしていたのである。加えて、神風攻撃隊と海軍の残余部隊がこれに呼応し、血みどろの戦いになるのは避けられない。その犠牲たるやこれまでの経験でさえ、ずっとましだったと思わせるものになるだろう。日本本土侵攻について、統合参謀本部ではまず上陸部隊の70％が犠牲になり、戦争は1946年か、最悪でさらに翌年まで続くと予測していた。終戦時には、本土侵攻作戦に加わるため、ヨーロッパからの部隊移動が一部で始まっていた［訳註26］。もっとも、数百名もの元海兵隊員と話をしてきた中で、原爆のような爆弾を投下するために、自らの命を危険にさらしたと考えていた者は誰もいなかったのだが。

訳註26：日本を屈服させるために、連合軍は上陸侵攻と戦略爆撃を重視していた。この線に沿って、イギリス空軍はランカスター爆撃機で構成される「タイガーフォース」を派遣する計画を立てていた。それぞれが16機で編制される飛行群30個からなるタイガーフォースは、45年9月から沖縄に送られる予定だった。また、ヨーロッパ戦線からはオマー・ブラッドレーやジョージ・パットンといった第一線の将官が、対日戦への参加を希望していたが、ヨーロッパに展開していた部隊に比べると、太平洋戦区の陸軍の規模は小さく、その地位や功績に見合う部隊を指揮させる余裕がなかったため、これらの要望は見送られている。

今日の硫黄島
IWO JIMA TODAY

　ハワイ諸島のパールハーバーを除けば、太平洋戦争の激戦地はアメリカからは遠い上、多額の費用がかかるため、大概は訪れるのも困難だ。その中でも硫黄島への観光はほぼ不可能だと言える。

　戦後、硫黄島はアメリカの施政下に置かれ、20年以上にわたりアメリカ空軍が飛行場を使用していた。また、アメリカ沿岸警備隊は1968年まで同地に駐屯し、北ノ鼻周辺に設置した長距離航法補助基地で活動していた。この任務も1993年には海上保安庁に引き継がれ、司法、行政権はすべて日本政府に返還されている。現在は、自衛隊の基地となり、一般人の立ち入りは禁止されている。そのため、観光施設や民間空港はなく、外国人がこの島を訪れるには、海兵隊の特別な手配が必要である。また、訪問できるのはこの島で戦った兵士とその家族に限られる。

　アメリカ軍の死者は優先的に本国に移送され、ハワイのパンチボウル戦没者墓地か本土に送還されている。だが、大半の日本兵死者はこのような措置を受けられない。というのも、死者のほとんどは戦闘中にまとめて埋葬されるか、あるいは洞窟陣地、地下トンネルに埋められたままだからだ。海軍大佐で、一時期は硫黄島守備隊の司令官にも任じられていた和智恒蔵氏のもとで、長年にわたり遺骨収集事業が行なわれ、戦死者の帰還が進んでいる [訳註27]。

　島の様子は、激戦の時から大きく変わった。3つあった飛行場は、南北に伸びる巨大な滑走路を中心とした飛行場にまとめられ、周囲には巨大な格納庫や居住施設が建ち並んでいる。クッシュマンズ・ポケット、西尾根、石切場、人肉粉砕機、元山集落などはブルドーザーでならされて姿を消し、摺鉢山の山頂には記念碑が建立されている。ただ、上陸海岸の真っ黒な砂地だけは、当時から何も変わっていない。今日、硫黄島を訪れる元海兵隊員は、くるぶしまでめり込む火山灰質の浜辺に立ち尽くし、半世紀以上前にここで行なわれた激戦の記憶を思い起こすのだろう。

洞窟の入り口周辺に数多くの弾痕が刻まれている。激戦の証だ。（栗林太郎氏寄贈）

訳註27：防御方針の衝突から栗林司令官によって本土に送還された和智恒蔵大佐は、戦後、僧侶となり硫黄島協会を設立して、戦没者供養と遺骨収集事業に取り組んだ。現在でも同協会は、遺骨の完全収集、遺品返還、硫黄島渡島慰霊追悼式などの活動を進めている。硫黄島協会ホームページ http://www.iwo-jima.org/

年表
CHRONOLOGY

1941年

12月7日　日本軍がパールハーバーを奇襲攻撃。アメリカは日本に宣戦布告。

12月8日　日本軍はフィリピン、香港、マレー半島、ウェーク島を攻撃。

12月11日　ドイツ、イタリアがアメリカに宣戦布告。

1942年

2月15日　山下奉文中将によってシンガポールが陥落

3月12日　マッカーサー将軍、「私は帰ってくる」と言い残し、フィリピンを脱出。

5月6日　フィリピン駐留のアメリカ軍が降伏。

5月7日　珊瑚海海戦──日本の進撃が初めて停止する。

6月4～7日　ミッドウェー海戦──日本海軍が正規空母4隻を失う。戦争の転換点となった。

8月7日　アメリカ海兵隊がソロモン諸島のガダルカナル島に上陸。

1943年

2月1日　日本軍、ガダルカナル島を撤退。

6月30日　カートホイール作戦──ラバウルの孤立をはかり、アメリカ軍によるソロモン諸島攻略が始まる。

11月20～23日　タラワ島の戦い──海軍主導の「飛び石戦略」が始まる。

1944年

2月2日　マーシャル諸島のクェゼリン環礁を海兵隊が強襲。

6月11日　第58任務部隊がマリアナ諸島を攻撃。

6月15日　サイパン島上陸を皮切りにマリアナ侵攻作戦が始まる。

6月19日　フィリピン海海戦（日本：マリアナ沖海戦）──日本海軍機動部隊が実質的に壊滅する。

8月8日　グアム島が陥落。

10月20日　マッカーサー将軍麾下の陸軍部隊がフィリピンのレイテ島に上陸。

11月27日　B-29スーパーフォートレス爆撃機が東京を空襲。

1945年

2月19日　海兵隊3個師団が硫黄島を強襲。

3月26日～

6月30日　沖縄の戦い

8月6日　広島に原子爆弾を投下。

9月2日　日本政府は東京湾に浮かぶ戦艦ミズーリ艦上で降伏文書に調印。

参考文献
FURTHER READING

Alexander,Col Joseph Closing In - Marines in the Seizure of Iwo Jima,Marine Corps Historical Center(Washington,DC,1994)

Alexander,Col Joseph A Fellowship of Valor,HarperCollins(New York,1997)

Bartley,LtCol Whitman S Iwo Jima,Amphibious Epic,USMC Official History 1954. Reprinted by Battery Press(Nashville,Tennessee,1988)

Lane,John This Here is G Company,Bright Lights Publications(Great Neck,NY,1997)

Newcomb,Richard F Iwo Jima,Rinehart & Winston(New York,1965)
［邦訳『硫黄島：太平洋戦争死闘記』R.F.ニューカム　光人社2006年］

Ross,Bill D Iwo Jima - Legacy of Valor,Random House (New York,1985)
［邦訳『硫黄島：勝者なき死闘』ビル・D.ロス　読売新聞社1986年］

Vat,Dan van der The Pacific Campaign,Simon & Schuster(New York,1991)

Waterhouse Col Charles Marines and Others,Sea Bag Productions(Edison,NJ,1994)

Wells,John Keith Give Me 50 Marines Not Afraid to Die,Quality Publications(1985)

Wheeler,Richard Iwo,Lippincott & Crowell(new York,1980)
［『地獄の戦場：硫黄島・摺鉢山の決戦』R.ホイーラー　恒文社1981年］

Wright,Derrick The Battle for Iwo Jima 1945,Sutton Publishing,(Slough,Glos.,1999)

付録
APPENDICES

付録1
APPENDICES 1

TF……任務部隊
TG……任務群

硫黄島上陸部隊の指揮系統と戦闘序列

遠征部隊（TF56）
司令官　ホランド・M・スミス海兵中将

第5水陸両用軍団
軍団長　ハリー・シュミット海兵少将

第3海兵師団
師団長　グレイブス・B・アースカイン少将
第3（海兵）連隊
連隊長　ジェイムズ・A・スチュアート大佐
＊この連隊は硫黄島に上陸しなかったため、作戦には関与していない。統合遠征軍予備として1945年3月5日まで海上に待機した後、グアム島に帰還した。
第9（海兵）連隊
連隊長　ハワード・N・ケニヨン大佐
第1大隊　キャリー・A・ランデル中佐
第2大隊　ロバート・E・クッシュマン中佐
第3大隊　ハロルド・C・ボーヘム中佐
第21（海兵）連隊
連隊長　ハントノール・J・ウィッタース大佐
第1大隊　マーロゥ・ウィリアムズ中佐
第2大隊　ローウェル・E・イングリッシュ中佐
第3大隊　ウェンデル・H・デュプランティス中佐

第4海兵師団
師団長　クリフトン・B・ケイテス少将
第23（海兵）連隊
連隊長　ウォルター・W・ウェンシンガー大佐
第1大隊　ラルフ・ハース中佐
第2大隊　ロバート・H・デヴィッドソン少佐
第3大隊　ジェイムズ・S・スケイルス少佐
第24（海兵）連隊
連隊長　ウォルター・I・ジョーダン大佐
第1大隊　ポール・S・トライテル少佐
第2大隊　リチャード・ロスウェル中佐
第3大隊　アレクサンダー・A・ヴァンデクリフト・ジュニア中佐
第25（海兵）連隊
連隊長　ジョン・R・ラニガン大佐
第1大隊　ホリス・U・マスティン中佐
第2大隊　ルイス・C・ハドソン中佐
第3大隊　ジャスティス・M・チャンバース中佐

第5海兵師団
師団長　ケラー・E・ロッキー少将
第26（海兵）連隊
連隊長　チェスター・B・グラハム大佐
第1大隊　ダニエル・C・ポロック中佐
第2大隊　ジョセフ・P・セイヤーズ中佐
第3大隊　トム・M・トロッティ中佐
第27（海兵）連隊
連隊長　トマス・A・ウォーナム大佐
第1大隊　ジョン・A・バトラー中佐
第2大隊　ジョン・W・アントネリー少佐
第3大隊　ドン・J・ロバートソン中佐
第28（海兵）連隊
連隊長　ハリー・B・リバーセッジ大佐
第1大隊　ジャクソン・B・バターフィールド中佐
第2大隊　チャンドラー・W・ジョンソン中佐
第3大隊　チャールズ・E・シェパード・ジュニア中佐

＊上陸時の大隊長を記載。硫黄島の戦いが終わったとき、死傷交替せずに指揮を執り続けていた大隊長は7名しかいなかった。

硫黄島遠征軍の戦闘序列
硫黄島作戦最高司令官　レイモンド・A・スプルアンス大将
第51任務部隊（TF51　統合遠征軍）　リッチモンド・K・ターナー中将
第52任務部隊（TF52　上陸支援部隊）　ウィリアム・H・P・ブランディ少将
第53任務部隊（TF53　攻撃部隊）　ハリー・W・ヒル少将
第54任務部隊（TF54　火力支援部隊）　バートラム・J・ロジャース少将
第56任務部隊（TF56　遠征部隊）　ホランド・M・スミス海兵中将
第56.1任務群（TG56.1　上陸軍）　ハリー・シュミット海兵少将
第58任務部隊（TF58　高速空母機動部隊）　マーク・A・ミッチャー中将
第93任務部隊（TF93　太平洋方面戦略空軍）　ハイラード・F・ハーモン海兵中将
第94任務部隊（TF94　中部太平洋前線基地支援）　ジョン・H・フーバー中将

2000年3月、摺鉢山を西側の上空から撮影したもの。（栗林太郎氏寄贈）

付録2
APPENDIX 2

日本軍の指揮系統
小笠原兵団長　栗林忠道中将
参謀長　高石正大佐

陸軍
第109師団　栗林忠道中将
歩兵第145連隊　池田増雄大佐
独立混成第17連隊　飯田雄亮大佐
戦車第26連隊　西竹一中佐
混成第2旅団　千田貞季少将
旅団司令部附　厚地兼彦大佐、堀静一大佐
混成第2旅団砲兵団　街道長作大佐

摺鉢山地区隊　松下久彦少佐
南地区隊　粟津勝太郎大尉
東地区隊　伯田義信大尉
西地区隊　辰見繁夫大尉
北地区隊　下間嘉市大尉
中地区隊　原光明少佐

海軍
（小笠原兵団直轄部隊）
司令官　市丸利之助少将
硫黄島警備隊　井上左馬二大佐

スピードグラフィック（政府機関や新聞社などに広く使われた大判カメラ）を携えて摺鉢山山頂付近に立つAP通信のカメラマン、ジョー・ローゼンタール。数分後に撮影した写真は、彼に不滅の栄誉を与えることになった。（USMC）

付録3
APPENDIX 3

摺鉢山の星条旗

　第二次世界大戦では、ロンドン空襲の最中、火球に包まれるセント・ポール大聖堂を撮影したセシル・ビートンの写真をはじめ、広島に投下した原爆のキノコ雲や、マッカーサー元帥のフィリピン帰還、やせ衰えた人々で埋め尽くされたベルゲンベルセン収容所のおぞましい壕の様子など、数多くの劇的な戦場写真が撮影された。しかし、ジョー・ローゼンタールが撮影した、摺鉢山の星条旗ほど有名な写真はない。

　この写真がアメリカに届けられるや、瞬く間に社会に興奮を巻き起こし、写真を題材とした3セント切手は史上最高の売り上げを記録するほどだった。第7回国債ツアーでは写真を元に350万枚ものポスターや17万5000枚の車内広告が作製され、2億2000万ドルを稼ぎ出した。他にも、フィルム撮影や国旗掲揚の再演をするほか、ローズ・ボウルではパレードも行われた。極めつけは、ワシントンD.C.のアーリントン国立墓地の北端に据えられたフェリクス・デ・ウェルドンの手による100tもの重さの合衆国海兵隊記念碑である。

　肝心の写真については、構図があまりにも見事であることと、実際にはその日、二度目に掲揚された国旗であることから、あらかじめポーズをとって撮影したものではないかという疑問がかなり早くから付いてまわり、以後、何年もの間、本や雑誌で同様の疑問が呈されることで、根深い問題となった。筆者に関する限り、ジョー・ローゼンタール氏は当日に起こった出来事を率直に語り、疑いを晴らしてくれた。

　2月23日、AP通信のカメラマンのジョー・ローゼンタールは、雑誌記者のビル・ヒップルとともにLCT（戦車揚陸用舟艇）で摺鉢山の近くに上陸した。ジョーは、偵察隊が山頂に星条旗を掲げたという事実を甲板長から聞かされていた。彼らは第28海兵連隊の指揮所に赴き、0940時には山頂に到達した40名の偵察隊によって星条旗が掲げられた事実を確認した。この時、指揮所には同じ戦場カメラマンのボブ・キャンベルとカラー・ムービーカメラを携えたビル・ジェノースト軍曹（9日後に362高地で戦死した）がいて、途中、海兵隊員が洞窟陣地の処理にかかっている間は立ち止まりながら、一緒に山を登った。

　山の中腹に差し掛かった頃、4名の海兵隊員とすれ違った。1人は海兵隊機関誌"レザーネック"のカメラマン、ルー・ロワリーで、もう山頂には星条旗が掲げられていて、自分はその写真を撮ってきたと告げた。ジョーは下山しようかとも考えたが、結局は写真を撮ろうと決めた。そして、ようやく山頂に着いてみると、そこにはためいている星条旗の側で、かなり長い鉄パイプを引きずっている一団を目にした。

ボブ・キャンベルが撮影した星条旗は、最初の小さい星条旗である。この時、ローゼンタールとジェノーストは彼の数メートル左側にいた。（USMC）

ローゼンタールは、有名になる写真を撮影した後で、海兵隊員にポーズを取らせた集合写真を撮影した。この写真が原因で、星条旗の写真にねつ造疑惑がついて回ることになった。（USMC）

「何をしようとしているの？」
「もっと大きな旗を掲げて、最初のは（大隊の）土産にするんだとさ」
　2番目の旗はLST-779号にあったもので、摺鉢山山麓に陸揚げされていた。これに乗船していたアラン・ウッド海軍少尉が筆者に語ったところによれば、「戦いで全身汚れきった1人の海兵（アルバート・タトル中尉）が、この旗を求めてきた。旗はハワイの補給廠から見つけ出してきたものだったけど、まさかあの旗が最悪の戦場のシンボルになるなんて、夢にも思わなかった」とのことだ。
　最初の旗が降ろされ、次の旗と交換されるシーンを撮影できるのではと、ローゼンタールは内心ワクワクしていたが、それはキャンベルに譲り、自分は2番目の旗が掲げられるシーンの撮影に集中した。彼は構図を求めて後ずさりしたが、斜面の様子が思わしくなかったため、砂袋と石で足場を作らなければならなかった（彼の身長は165cmほどだった）。ジェノーストはジョーの右側に立っている。彼は海兵隊員たちが旗竿を立てる瞬間を待ち、「さあ、今だ」と声をかけてカメラを廻し、撮影した。彼はこの他にも、旗の下で海兵隊員が歓喜の表情を爆発させた集合写真を撮影した後で、第28海兵連隊の指揮所に戻った。
　指揮艦エルドラドに戻ってきた後で、ジョーはこの日撮影した写真フィルムに説明書きを添えると、グアム行きの定期便にフィルムを託した。そして彼の写真が無線電送写真となってアメリカに届くと、瞬く間にセンセーション巻き起こしたのだ。ここで皮肉な事件が起こる。ジョーがグアムに戻ってくるまでに9日間かかったため、写真が騒動になっていることを知らず、同僚たちからの喝采を受けたジョーは、「あれは素晴らしい写真だった。ポーズを取らせたのかい?」という質問に対して、「そうだよ」とこたえてしまったのである。彼は海兵隊員たちの喜びを写した集合写真について聞かれたと思ったのだ。
「この（星条旗掲揚の）写真はポーズを取らせたのか?」
「いや、そうじゃない。その写真はポーズを取らせていない」
ここに問題の写真に対する誤解が生じてしまった。このやりとりを聞いていた何人かは、写真はやらせであり、ローゼンタールがポーズを取らせて撮影したと伝えてしまったのだ。
　この写真によって、ローゼンタールの人生は一変した。彼はAP通信社によってアメリカに呼び戻され、そこで有名人の仲間入りをした。給料が上がっただけでなく、ピューリッツァ賞を受賞し、トルーマン大統領にも会うことができた。講演の依頼も相次いだが、ある集会では「沖縄に星条旗を掲げたジョー・ローゼンタールです」と紹介される一コマもあった。
　写真はやらせではないかという、変わり映えのない非難は、戦後になっても止むことなく、何年もの間、本や雑誌などで議論の的になった。「やらせ」神話は、ローゼンタールと同じ瞬間にジェノーストが撮影した5分間のカラーフィルムを見れば、簡単に打ち消すことができる。フィルムの1コマは、ローゼンタールが撮影した写真と同じだからだ。この問題に対するジョーの最後の言葉は、「あらゆる要素がかみ合ってこの写真ができあがったのであり、私自身の役割はとても小さいものだった。これが写真について私が言える精一杯のことです。山頂に星条旗を掲げるに至るまで、アメリカ兵は硫黄島はもちろん、それ以外の島でも戦い、そして命を落としてきました。空の戦いでもしかりです。写真を撮ったのが誰だからと言って、それがどれほどのことでしょう。確かに私が写真を撮りましたが、硫黄島を取ったのは海兵隊なのです」
　星条旗を掲げた6名は、全員他界している。写真は左から、アイラ・ヘイズ、フランクリン・サウスリー、マイケル・ストランク、ジョン・H・ブラッドリー、レイニー・A・ギャグノン、ハーロン・B・ブロックである（サウスリー、ストランク、ブロックの3名は硫黄島で戦死した）。2つの旗は、ワシントンD.C.の海兵隊歴史記念館に展示されている。

付録4
APPENDIX 4

合衆国海兵隊記念碑

　ジョー・ローゼンタールの有名な写真が引き金となり、1954年、ワシントンD.C.のアーリントン国立墓地に合衆国海兵隊記念碑が建立された。記念碑はもともと、1775年に設立された海兵隊の前身部隊に始まる全ての隊員に敬意を表したものだが、彫刻家のフェリックス・デ・ウェルドンは海兵隊の象徴として、アメリカ国民にもっともなじみのある硫黄島の有名なシーンを題材に選んだ。製作には3年を要した。銅像の高さは32フィートもあり、スウェーデン産の花崗岩でできた台座の周囲を研磨された黒花崗岩のプレートが取り巻き、そこには設立以来の海兵隊の主だった活躍が刻まれている。また、基部には硫黄島で戦った海兵隊員を称えた「類い稀な勇気は共通の美徳だった (Uncommon Valor was a Common Virtue.)」という、チェスター・ニミッツ提督の言葉も刻まれている。

　1954年11月10日、ドワイド・アイゼンハワー大統領をはじめ、リチャード・ニクソン副大統領、レミュエル・C・シェファード・ジュニア海兵隊総司令官も臨席のもとで、記念碑の除幕式が行われた。また、この時には、ローゼンタールの写真にいた星条旗掲揚者のうち3名の生存者、ジョン・H・ブラッドリー、アイラ・ヘイズ、レニー・A・ギャグノンらも招待されている。驚くべき事に、ローゼンタール自身の名前は記念碑のどこにも刻まれておらず、その事を示した飾り板がはめ込まれたのは、ずっと後になってからのことだった。

　ジョン・H・ブラッドリー薬剤二等兵曹（衛生下士官）は星条旗掲揚の様子について、家族にさえほとんど語ることはなく、故郷のウィスコンシン州アンティゴーで静かな暮らしを全うした。掲揚者6名のうちでもっとも長生きをしたブラッドリーは、1994年に、70歳の生涯を閉じている。

　アイラ・ヘイズ海兵伍長は、アリゾナ州、ヒーラー・リヴァー先住民保留地で生まれ、一九四二年、海兵隊のパラシュート連隊に入隊した。この部隊は1944年に解隊し、

彫刻家フェリックス・デ・ウェルドンの手による重さ100tのブロンズ像は、合衆国海兵隊の功績を称えるために、ワシントンD.C.のアーリントン国立墓地に設置されている。（USMC）

1954年11月10日、海兵隊記念碑の除幕式典の航空写真。式典にはドワイド・アイゼンハワー大統領をはじめ、リチャード・ニクソン副大統領、レミュエル・C・シェファード・ジュニア海兵隊総司令官も列席した。（USMC）

海兵隊記念碑はアーリントン国立墓地の北端に設置されている。鋳造部は高さ32フィート、ブロンズ製の旗竿は60フィートもの長さに達した。台座まで含めた高さは78フィートにもなる。

ヘイズは第5海兵師団に編入され、硫黄島で戦うことになる。国債ツアーへの協力で本国に帰還した際に、彼は世間の注目を受けることに神経を押しつぶされてしまい、原隊への復帰を懇願した。その後の人生はアルコール依存症との戦いとなり、1955年に32歳で死亡した。彼の遺体はアーリントン国立墓地に眠っている。

レニー・A・ギャグノンも第7次国債ツアーの広告塔として財務省に協力し、原隊復帰後は中国に駐屯した。1946年に除隊している。彼は1979年に死去し、ニューハンプシャー州マンチェスターに埋葬されたが、1981年、未亡人の強い要望もあり、アーリントン国立墓地に移送された。

3名の生存者は、ウェルドンの要望で掲揚時の姿勢を取り、ウェルドンは彼らの表情を粘土で模写している。また、戦死した掲揚者については、なるべく本人に似せるために生前の写真が使われている。銅像はニューヨーク、ブルックリンにあるベディ-ラッセイ美術工房で作られ、完成までにはほぼ3年の時間が必要だった。

海兵隊や予備役、海兵隊友会、退役軍人など、関係する様々な組織によって建立基金が設けられ、85万ドルの資金が調達された。建立には、一般からの寄付は用いられていない。現在では、首都ワシントンにおける主要な観光地となり、もっとも印象的な戦争関連の記念碑として、すでに50年の月日を刻んでいる。

この海兵隊記念碑の近くに、空軍も独自の記念碑を作ろうという動きがあり、長い間論争の種になった。近くに大がかりな記念碑ができれば、海兵隊記念碑の景観や意味を損ねてしまうという反対論が出るのも当然だろう。政治も巻き込んだ軍部間の交渉の末、空軍はアーリントン国立墓地内の別の場所を探すという事で決着している。

星条旗掲揚者のうち生き残った3名が式典に招かれた。左から右に向かい、ジョン・H・ブラッドリー、アイラ・ヘイズ、レニー・A・ギャグノン。すでに全員死去している。(USMC)

付録5
APPENDIX 5

名誉勲章受章者——類い稀な勇者たち

　名誉勲章はアメリカ合衆国で最高の勲章だが、硫黄島の戦いでは、27人の戦闘員に対してこの勲章が授与された。この数は、第2次世界大戦を通じて海兵隊員が得た同勲章総数の3分の1にあたる。チェスター・ニミッツ提督は、「硫黄島で戦ったアメリカ人の間では、類い稀なる勇気は共通の美徳だった」と、彼らの武勲を称えている。これ以上的確な賛辞は考えられそうもない。

チャールズ・J・ベリー伍長（第5海兵師団第26連隊第1大隊：戦死）
3月3日夜、ベリーと2人の小銃手は西尾根近くの各個掩体にいた。その時、浸透を試みてきた日本兵の一団が、手榴弾を投げつけてきた。ベリーはとっさに手榴弾の上に身を投げ出し、戦死した。自分を犠牲にして、仲間2人の命を救ったのだ。

ウィリアム・キャディー1等兵（第5海兵師団第26連隊第3大隊：戦死）
第3飛行場の北側で、キャディーと2人の仲間が狙撃を受け、砲弾孔の中で身動きできなくなっていた。1600時、1人の海兵隊員が砲弾孔の縁まで飛び出し、狙撃兵の場所を確認しようとしたが、狙い澄ましたかのように手榴弾で反撃を受けてしまう。キャディーは手榴弾の上に迷わず身を投げ出し、即死した。

ジャスティン・M・チャンバース中佐（第4海兵師団第25連隊第3大隊）
38歳の、"ジャンピン・ジョー"チャンバース中佐は、ベテラン兵士の1人である。彼は「チャーリードック・リッジ」を確保するため、ロケット砲の一斉発射を要請し、尾根に向かって突撃した。彼は部隊の先頭に立っていた。しかし、その最中、胸部に機関銃弾を受け、大隊指揮所まで担ぎ戻された。彼はアメリカ本国で長い療養生活を送った後、ホワイトハウスでトルーマン大統領から名誉勲章を授けられた。

上陸用舟艇の後部から撮影したこの劇的な1枚は、海兵隊員たちが放り出された戦場の混沌を雄弁に伝えている。くるぶしまで埋まる火山灰質の砂地に足を取られ、まともに身動きできないまま、正面からは日本軍の攻撃を受け、悪いことに海からは5分ごとに増援が上陸してくるのだ。（国立公文書館）

ダレル・S・コール軍曹（第4海兵師団第23連隊第1大隊：戦死）

上陸作戦開始初日、コール軍曹の小隊はイエロー1、イエロー2の上陸海岸で激しい敵砲火にさらされていた。軍曹は手榴弾と45口径拳銃を携えて6カ所の敵拠点を無力化した。この間に軍曹は弾薬補給のために前線と海岸の間を2回も往復し、最後に足下に転がってきた手榴弾が爆発して戦死した。

ロバート・H・ダンラップ大尉（第5海兵師団第26連隊第1大隊）

第1飛行場の側で、ダンラップ大尉の中隊は敵の迫撃砲に足止めされていた。事態を打開するため、大尉は野戦電話を掴むと敵からわずか50ヤード（46m）しか離れていない孤立地点まで前進し、48時間もそこにとどまって攻撃対象を指示し続けた。彼の勇気は、硫黄島西部の確保に多大な貢献をした。

ロス・F・グレイ軍曹（第4海兵師団第25連隊第1大隊）

第2飛行場周辺で小隊が身動き取れなくなったとき、グレイは鞄爆弾を掴んで、間近にある掩蔽壕に突進し、これを破壊した。同様にして彼は次々と6カ所もの敵拠点を沈黙させ、道を切り開いた。また、同日の午後遅く、彼は単身で危険な地雷原を処理している。

ウィリアム・G・ハレル軍曹（第5海兵師団第28連隊第1大隊）

西尾根に近い各個掩体に着いていたハレル軍曹とカーター1等兵は、日本軍の夜間浸透攻撃の矢面に立たされた。4人はすぐに片付けられたが、敵が投擲した手榴弾が、ハレルの左腕をずたずたにし、重傷を負わせた。カーターの銃も装填不良で故障してしまう。その間に別の日本兵2人が各個掩体めがけて突進し、ハレルの掩体に手榴弾が放り込まれた。ハレルはその日本兵を拳銃で射殺し、手榴弾を投げ返そうとしたが間に合わず、今度は右腕が吹き飛ばされた。しかし、不屈の闘志を燃やす軍曹は、翌日の朝に後送され、戦後は義手の助けを借り、故郷のテキサスで牧場主として活躍している。

ラファス・G・ハリング中尉（USNR LG（G）449）

ラファス中尉は、硫黄島の戦いで最初の名誉勲章受勲者である。彼はD-Dayに先立つフロッグマン（水中破壊班）の活動を支援するため、449号砲艇を指揮してロケット砲を島に撃ち込んでいた。しかし、日本軍からの砲弾が艦を直撃して12名が戦死、中尉も重傷を負う。ひどい出血にも関わらず、中尉はさらに30分の間、砲艇の舵を取って破壊された旗艦テラーに横付けして、弾を撃ちまくりながら、負傷兵を収容し終えるまでとどまっていた。

フロッグマンの破壊活動を支援していた12隻の砲艦は、日本軍から激しい攻撃を受けた。木造主体の脆弱な船体は、数ヶ月もの間訓練を積んできた日本軍の海岸砲にとって格好の獲物だった。写真は、空薬莢の中に横たわる乗員の死体。（US Navy）

写真右／2000年3月、テキサス州ウィチタ・フォールで開催された硫黄島懇親会に参加したダグラス・ジェイコブソン氏。名誉勲章を下げている。（著者撮影）

写真左／硫黄島守備隊、栗林司令官の子息、栗林太郎氏と第5海兵師団の記念碑。彼は頻繁に硫黄島に赴き、日米友好のために尽力している。（栗林太郎氏寄贈）

ダグラス・T・ジェイコブソン1等兵（第4海兵師団第23連隊第3大隊）
382高地を巡る戦いで、19歳のジェイコブソン1等兵はバズーカを片手に戦い続けていた。30分もの間、彼は敵の陣地を走り回り、次々にトーチカを破壊した。最終的には16カ所もの拠点を破壊、75名の日本兵を殺害し、中隊に山頂までの道を開いた。バズーカは2人で操作するものだが、ジェイコブソンは器用に1人でこなしていたのだ。

ジョセフ・R・ジュリアン軍曹（第5海兵師団第27連隊第1大隊：戦死）
戦闘開始から18日目、北ノ鼻での激戦で、ジュリアン軍曹は4カ所の掩蔽壕や機関銃陣地を沈黙させた。そして後方に戻って弾薬を補充すると、再び最前線に飛び込み、さらに4カ所の敵拠点を破壊し、機関銃弾を浴びて戦死した。

ジェイムズ・D・ラベル1等兵（第5海兵師団第27連隊第2大隊：戦死）
ラベル1等兵は、硫黄島で戦死する運命にあったとしか思えない。上陸初日は、3個中隊が敵機関銃の攻撃で壊滅する中、命を落としかけた。3日後には4人の戦友と共に砲弾孔に身を隠していたが、そこに投げ込まれた手榴弾で彼だけが無傷だった。10日目には西尾根で、隣にいた親友が戦死している。そして仲間2人と共に露岩の陰に立っていたところ、1人の日本兵が手榴弾を投げつけてきた。ラベルはこの手榴弾に覆い被さり、仲間の命を救ったのだ。

ジョン・H・レイムス少尉（第3海兵師団第9連隊第1大隊）
クッシュマンズ・ポケットの東側にある362C高地での戦いで、レイムスの中隊は後方を寸断されてしまった。彼は単身、開豁地を横切って電話線をひいた。この後で、負傷兵がまだ前線に取り残されていることを知った彼は、激しい銃撃をものともせずに前線を2往復し、負傷兵を担ぎ出したのである。

ジャクリン・H・ルーカス1等兵（第5海兵師団第26連隊第1大隊）
生まれついての無法者、ルーカス1等兵は14歳で海兵隊に入隊し、17歳の時には無許可離隊の咎で、ハワイの憲兵隊に指名手配されている。2月20日、第1飛行場の近くで、彼は3人の仲間と共に敵の銃撃にさらされて身動きができなくなっていた。敵の手榴弾攻撃が始まると、彼はそれを掴んで自分の身体の下に引き入れ、さらに2個目も同じように押し込んだ。しかし、手榴弾が爆発したにも関わらず、彼は奇跡的に助かったのだ。腕にわずかな麻痺が残っただけで、数ヶ月後には療養を終えた。

ハーシェル・"ウッディ"・ウィリアムズは今日でも硫黄島懇親会に参加している、数少ない名誉勲章受勲者である。(著者撮影)

ジャック・ラマス中尉（第5海兵師団第27連隊第2大隊：戦死）
北ノ鼻周辺の複郭陣地に対する攻撃の手をゆるめないために、29歳、テキサス出身の人気フットボール選手だったラマス中尉は、部隊の先頭に立って戦い、手榴弾に直撃された。足が吹き飛んだが、彼はあきらめず目の前の敵を殺害した。部下がさらに突撃している間に、今度は地雷を踏んでしまい、両足とも失ってしまった。爆発がおさまると、その中で足がちぎれたままでも直立して戦闘指揮を執る様を見て、兵士は心底驚かされた。数時間後、彼は野戦病院で死亡した。

ハリー・L・マーティン中尉（第5工兵大隊：戦死）
3月26日の払暁、栗林司令官が指揮する200〜300名の日本兵が第2飛行場西側に設置されていた後方施設を夜襲した。守備兵には、航空部隊の地上勤務員や海軍設営大隊ほか非戦闘員しかいなかった。マーティンは黒人部隊を中心に守備隊を組織すると、日本軍をどうにか食い止めた。彼は負傷兵を収容し、敵の機関銃を襲って4名を殺害したが、自身も手榴弾の破片を受けて戦死してしまう。夜が明けると戦闘の凄まじさがはっきりしてきた。その中から、マーティンの死体もばらばらになって発見されたのである。

ジョセフ・J・マッカーシー大尉（第4海兵師団第24連隊第2大隊）
33歳、もう1人の"ジャンピン・ジョー"マッカーシー大尉は、第2飛行場攻略のために、手榴弾を抱え、3人の火炎放射班を率いて、「やられる前に、奴らを殺せ!」と叫びながら突進して部下を鼓舞した。彼自身、銃眼に手榴弾をねじ込みながら4カ所のトーチカを破壊し、中隊の前進を助けている。

ジョージ・フィリップス2等兵（第5海兵師団第28連隊第2大隊：戦死）
硫黄島の「完全占領」が宣言されたその日、補充兵として島に上陸して、まだ2日しか経っていなかった18歳のフィリップス2等兵は、敵の手榴弾に身を投げて3名の戦友の命を救った。実を言えば、フィリップスは助けた3人のことを知らなかったにも関わらず。

フランシス・ピアース・ジュニア薬剤1等兵曹（第4海兵師団第24連隊第2大隊）
3月15日、ピアース衛生下士官と担架兵は負傷兵の後送中に襲撃された。彼は小銃で狙い打ちされることも意に介さず負傷した海兵隊員を安全な場所まで運ぶと、また前線に戻ってきて、同じ事をした。後日、彼は重傷を負いながらも、後送を拒否し、ある負傷名の傍らで彼が死ぬまで介抱していた。このような衛生下士官の献身は、硫黄島では珍しいことではなく、彼らは海兵隊員の信頼を獲得したのである。

ドナルド・J・ルール1等兵（第5海兵師団第28連隊第2大隊：戦死）
21歳のルール1等兵は、上陸初日から目覚ましい武勇を見せていた。初日に彼は敵掩蔽壕に突進して9名を殺害している。翌朝になると、今度は猛烈な砲火にも屈せず、負傷した海兵隊員を40ヤード（37m）も引きずって安全な場所まで運び、前線にとって返すと、敵の砲座を奪取して反撃をことごとく退け、一晩中そこを確保していた。そんな彼も、戦死は避けられなかった。2月21日、小隊付きの軍曹とともに掩蔽壕に入って、敵に射撃を加えていた際、投げ込まれた手榴弾の上に、反射的に覆い被さって犠牲となった。

フランクリン・E・シーグラー2等兵（第5海兵師団第26連隊第2大隊）
最終盤、死の谷の戦いで、シーグラーは分隊長代理となり、第2大隊の動きを牽制していた機関銃座への攻撃を指揮した。ぞっとするような機銃掃射に直面しつつも、彼は手榴弾で敵兵を駆逐したが、間もなく、自身も近くの洞窟陣地から狙撃されて重傷を負う。それでも彼は攻撃を続け、後方に退くまでに目に付いた洞窟陣地の入り口を塞いでいる。治療を拒否した彼は、負傷した海兵隊員3名を後送し、ロケット砲や機関銃を直接指揮して攻撃を続けていたが、治療のために強引に後送された。

トニー・スタイン伍長（第5海兵師団第28連隊第1大隊：戦死）
上陸初日、摺鉢山の麓を抜けて対岸まで前進する際に、彼は航空機用の12.7mm機関銃

を手持ち武器に改造した"スティンガー"を携え、敵拠点5カ所を制圧、敵兵20名を殺害した。弾薬が尽きると海岸まで駆け戻り、ついでに負傷した兵士まで運んでくる活躍ぶりだった。この間に榴散弾で負傷したが、構わず彼は戦い続け、小隊の退却を指揮していた。この間に、携えていたスティンガーに2度も敵弾が命中している。スタインは362A高地の攻略中に戦死した。自分が叙勲することは知らなかった。

ウィリアム・G・ワルシュ 1等軍曹（第5海兵師団第27連隊第3大隊：戦死）
362A高地攻略時、ワルシュ軍曹は強力な抵抗に直面しながらも、頂上を目指して小隊を率いていたが、3カ所の拠点から撃ち込まれる激しい機関銃火に阻まれ、退却を余儀なくされた。しかし、諦め切れない軍曹は果敢に反撃し、山頂にたどり着くと6名の兵士と共に塹壕を確保した。日本兵はこれに対して手榴弾を投げ込んだが、ワルシュは自身を犠牲にして身を投げ出し、即死した。

ウィルソン・D・ワトソン2等兵（第3海兵師団第9連隊第2大隊）
第2飛行場の近くにある、ピーター・ヒル、オーボエ・ヒルと呼ばれた2つの丘は、第3海兵師団の作戦を台無しにしていた。ワトソンは、途中にある掩蔽壕や機関銃陣地を沈黙させながら、オーボエ・ヒルに一番乗りを果たした。仲間が1人しかいなかったにも関わらず、彼は増援が到着するまで、30分にわたり反撃を食い止めた。さらに彼は前進してトーチカを1つ破壊し、迫撃砲で負傷したときは、別のトーチカ攻略に着手している最中だった。治療のために後送されたが、わずか2日後には復帰して、90名もの敵兵を殺害し、この要地確保に多大な貢献をしている。

ジョージ・E・ワーレン薬剤2等兵曹（第5海兵師団第26連隊第2大隊）
硫黄島を語る上では避けて通れぬ衛生下士官で、2月26日には自分も負傷しながら、激しい敵砲火のもと負傷兵の治療にあたっていた。3月3日には再度負傷したが、この時も自身の治療を拒み、3度目の負傷時も別の兵士の治療を続け、その後でようやく緊急治療を受けた。実にそれまでの5昼夜、彼は負傷兵の治療を続けていたのである。

ハーシェル・W・ウィリアムズ伍長（第3海兵師団第21連隊第1大隊）
第2飛行場の周辺に設置された複合陣地に直面し、ロバート・ハウザー少佐は最後の1人となっていた火炎放射器兵ハーシェル・ウィリアムズ伍長に護衛の小銃手を付けて、前線に送り込んだ。彼は自分を狙い撃ちしてくる敵にもひるまず、敵拠点を片端から焼き尽くした。こうして4時間後には突破口が開いたのだ。この功績が認められ、伍長はこの戦いにおける第3海兵師団最初の名誉勲章受勲者となった。

ジャック・ウィリアムズ薬剤3等兵曹（第5海兵師団第28連隊第3大隊：戦死）
アーカンソー州ハリソン出身の21歳の若者は、3月20日の活躍で、硫黄島における衛生下士官の美談に花を添えた。猛烈な銃火にもめげず負傷兵の元に駆けつけると、自ら弾よけとなって治療を始めたのだ。無理もないことだが、彼自身が間もなく銃撃されて腹部と股間を負傷したが、負傷兵の治療を終えるまでは持ち場を離れようとしなかった。彼はさらに別の負傷兵の治療を始めたが、自身の出血も酷く、応急処置をすませるとようやく後方に退いた。しかし、その瞬間を狙撃され、命を落としたのである。

ジョン・H・ウィリス薬剤1等兵曹（第5海兵師団第27連隊第3大隊：戦死）
2月26日、衛生下士官ウィリスは、榴散弾で負傷して後送命令を受けるまで、362高地に身をさらして、負傷兵の治療に専念していた。しかし、1時間もしないうちに前線に戻ってくると、今度は砲弾孔に飛び込んで、重傷者の治療に取りかかった。小銃を地面に置くと、彼は血漿投与を始めたが、その時、砲弾孔に手榴弾が投げ込まれた。彼はとっさにそれをつかんで投げ返したが、次から次へと、別の手榴弾が投げ込まれてくる。必死に投げ返すも、最後の1つが間に合わず、彼は即死した。

写真右／夕日に栄える合衆国海兵隊記念碑。今でも強烈な印象を与えるワシントン屈指の観光名所である。（USMC）

◎訳者紹介｜宮永忠将

シミュレーションゲーム専門誌「コマンドマガジン」編集を経て、現在、ミリタリーライター、翻訳、フリー編集として活動中。主な訳書「オスプレイ"対決"シリーズ2ティーガーⅠ重戦車vsシャーマン・ファイアフライ」「世界の戦場イラストレイテッド2　パールハーバー1941」など。

オスプレイ・ミリタリー・シリーズ
世界の戦場イラストレイテッド　4

硫黄島の戦い1945
海兵隊が掲げた星条旗

発行日	2009年2月28日　初版第1刷

著者	デリック・ライト
訳者	宮永忠将
発行者	小川光二
発行所	株式会社大日本絵画 〒101-0054　東京都千代田区神田錦町1丁目7番地 電話：03-3294-7861 http://www.kaiga.co.jp
編集・DTP	株式会社アートボックス http://www.modelkasten.com
装幀	八木八重子
印刷/製本	大日本印刷株式会社

© 2001 Osprey Publishing Ltd
Printed in Japan
ISBN978-4-499-22986-9

IWO JIMA 1945
The Marines raise the flag on Mount Suribachi

First published in Great Britain in 2001 by Osprey Publishing,
Midland House, West Way, Botley, Oxford OX2 0PH. All rights reserved.
Japanese language translation
©2009 Dainippon Kaiga Co., Ltd